# SCHRAUBERHANDBUCH

# VW Boxer

ALLE LUFTGEKÜHLTEN MOTOREN – KÄFER, BULLI & CO.

HEEL WERKSTATT

# SCHRAUBERHANDBUCH

# VW Boxer

## ALLE LUFTGEKÜHLTEN MOTOREN – KÄFER, BULLI & CO.

Ken Cservenka

HEEL Verlag GmbH
Gut Pottscheidt
53639 Königswinter
Telefon 0 22 23 / 92 30-0
Telefax 0 22 23 / 92 30-13
Mail: info@heel-verlag.de
Internet: www.heel-verlag.de



Der Originaltitel „The VW Air-Cooled Engine: Repair and Maintenance" ist erschienen bei:
The Crowood Press Ltd.
The Stable Block, Crowood Lane
Ramsbury, Marlborough
Wiltshire SN8 2 HR
England



Übersetzung ins Deutsche: TTS Veil und Partner, Stephan Veil, Stuttgart

Lektorat, Satz und Gestaltung:
G&U Language & Publishing Services

Umschlaggestaltung: HEEL Verlag GmbH, Stefan Witterhold

Dieses Buch soll Hilfe zur Selbsthilfe sein. Die technischen Ratschläge entsprechen nicht immer den üblichen Handwerksregeln.
Für etliche technische Ratschläge in diesem Buch wird handwerkliches Grundwissen vorausgesetzt, ohne das man die entsprechenden Arbeiten nicht angehen soll.
Im Zweifelsfall sollte man vor technischen Arbeiten einen geschulten Spezialisten zu Rate ziehen und die Arbeiten nicht selbst vornehmen.
Etliche Ratschläge können bei fehlerhafter Ausführung unter bestimmten Umständen zu erheblichen Folgeschäden führen.
Autor, Übersetzer und Verlag lehnen ausdrücklich jede Haftung für die veröffentlichten Arbeitsanweisungen und daraus gefolgerte Schlüsse ab. Für alle anhand dieses Buches ausgeführten Arbeiten übernimmt der ausführende Schrauber, Bastler oder Mechaniker das alleinige und uneingeschränkte Risiko. Ebenso ist die Haftung von Autor, Übersetzer und Verlag für Druckfehler, Schreibfehler und sachliche Fehler jeder Art ausdrücklich ausgeschlossen.



Printed in Slovenia

ISBN: 978-3-95843-900-9

# INHALT

# VORWORT

Meinen ersten Kontakt mit der Marke Volkswagen verdanke ich einem Freund meiner Familie. Wenn ich mich recht erinnere, fuhr dieser Freund einen 1955er „Ovali", und nicht nur die markante Klangkulisse des luftgekühlten Motors hinterließ bei mir bleibenden Eindruck, sondern auch der Umstand, dass er bei Wind und Wetter unbeirrbar auf den ersten Drücker ansprang und sein Besitzer sich in endlosen Lobeshymnen erging.

Danach wurde es in meinem autofahrerischen Umfeld wieder ruhig um den Käfer, bis ich eines Tages einen Freund in der Grafschaft Devon im Südwesten Englands besuchte, der einen 1500er Käfer Baujahr 1967 sein eigen nannte. Bei einer Spritztour mit dem Käfer bot mir mein Freund an, selbst einmal das Steuer zu übernehmen. Eine Einladung, die ich natürlich gerne annahm! Als wir dann mit rund 70 km/h im vierten Gang dahingondelten, kam plötzlich die Order: „Auskuppeln!" Gesagt, getan – worauf mein Freund mit einem Ruck am Schalthebel den Zweiten einlegte, und ich sollte jetzt die Kupplung kommen lassen. Der Motor heulte natürlich jämmerlich auf, was meinen Begleiter freilich unbeeindruckt ließ, denn wie er betonte, wäre uns jetzt „bei jedem anderen Wagen" das Getriebe um die Ohren geflogen!

Eigentlich war ich ja schon vor dieser eindrucksvollen Demonstration der Unverwüstlichkeit dieses motorisierten Krabbeltiers „bekehrt" gewesen, und so stand dann im Jahr 1969 mein erster eigener Käfer vor der Tür – ein 1200 von 1963 (in der „Deluxe"-Exportversion). Diesen Wagen fuhr ich bis 1983 und legte damit fast 300.000 km zurück – sogar im Campingurlaub mit Frau, drei Kindern und kompletter Campingausrüstung. Darauf folgten eine 1968er Automatikversion und 1989 dann ein T2-Wohnmobil Baujahr 1974 als Devon Eurovette-Campingumbau. In meinem heutigen Fuhrpark steht auch ein 1500er Käfer, Modell 1967, und dessen Triebwerk diente als Anschauungsobjekt für die in diesem Buch beschriebene Überholung des Typ-1-Motors. Nach einem Umzug 1972 nach Cirencester hatte ich nicht nur mit der Pflege meines eigenen Käfers zu tun, sondern nach und nach fanden auch zahllose andere luftgekühlte Käfer und Typ 2 zu Reparatur und Wartung zeitweiliges Obdach in meiner Hobbywerkstatt.

Dieses Do-it-yourself-Handbuch soll allen praktisch veranlagten Lesern Hilfestellung bei Reparatur und Überholung des Typ-1-Motors geben. Die meisten Arbeitsgänge lassen sich auf den Typ-4-Motor des 411 und 412 übertragen, wie er in den Typ 2-Modellen mit 1700, 1800 und 2000 ccm zum Einbau kam. Fortgeschrittene Detailarbeiten wie das auf Feinabstimmung und Optimierung der Werkstoleranzen ausgelegte „Blueprinting" des Motors werden hier allerdings nicht beschrieben, denn für einen Motor, der für den alltagsähnlichen Fahrbetrieb gedacht ist, sind sie schlichtweg zuviel des Guten.

# DANKSAGUNG

Mein besonderer Dank gilt folgenden Personen, die mir bei der Arbeit an diesem Buch mit Rat und Tat zur Seite standen: Richard Copping, der mich ermutigte, dieses Buch zu schreiben, Neil Birkitt für sein Korrekturlesen und wertvolle Ratschläge, dem Team des Engine Shop, vor allem Jim Gray, für die Maschinenarbeiten an Kurbelgehäuse und Kurbelwelle, Richard Hulin für weitere Arbeiten mit seinem Maschinenpark und dafür, dass er mich in seiner Werkstatt schalten und walten und jede Menge Aufnahmen an einem Typ-4-Motor machen ließ, und nicht zuletzt meiner Frau Mary für ihre Geduld und ihr Verständnis.

KAPITEL 1

# DIE GRUNDLAGEN DER WERKSTATT-AUSSTATTUNG

Wartung und Reparatur der luftgekühlten VW-Motoren sind eine relativ einfache Angelegenheit, und auch wenn luftgekühlte Boxermotoren heutzutage ein eher exotisches Motorenkonzept sind, genügt für Hobbyschrauber ein vergleichsweise überschaubarer Bestand an Werkzeugen und Werkstattutensilien für nahezu sämtliche Arbeiten an diesen Triebwerken.

Wer das originale Bordwerkzeug seines Käfers besitzt, verfügt damit bereits über die Minimalausstattung – also (je nach Modell) über einen brauchbaren Bordwagenheber, Schraubenschlüssel in den gängigsten Größen, das Radkappenabziehwerkzeug und einen Rohrsteckschlüssel. Mit der einen Seite des Rohrsteckschlüssels werden die Radmuttern gelöst, das andere Ende dient als Zündkerzenschlüssel, passt aber auch auf die Mutter der Lichtmaschinenriemenscheibe – vor allem beim Erneuern eines gerissenen Keilriemens auf einsamer Landstraße ein unschätzbarer Vorteil.

Den Bordwagenheber verwenden wir allerdings nur für den Radwechsel bei Reifenpannen, denn für größere Reparaturen ist er nicht gedacht. Der Bordwerkzeugsatz bleibt also im Fahrzeug – ergänzt um nützliche weitere Werkzeuge für den Pannenfall unterwegs. Als Ergänzung des Bordwerkzeugs ist der in Abb. 1.2 und 1.3 gezeigte Werkzeugbestand empfehlenswert.

Bei manchen in diesem Buch beschriebenen Arbeitsgängen müssen die Bauteile erhitzt werden, etwa mit einer Lötlampe oder in kochendem Wasser. Hier machen sich lederne Schweißerhandschuhe bezahlt, damit man sich an den glühend heißen Bauteilen keine Brandblasen holt. Beim Umgang mit der Lötlampe und überhaupt immer, wenn Metallsplitter umherfliegen könnten, ist eine Schutzbrille ein Muss (Abb. 1.1).

Zu einer gut bestückten Werkstatt gehören vollständige Schraubenschlüsselsätze – sowohl als Gabel- als auch als Ringschlüssel – in der besten Qualität, die der Geldbeutel hergibt. Beim Kauf von Ringschlüsseln sind die Ausführungen empfehlenswert, bei denen Löse- und Anzugskräfte über die Flächen und nicht über die Ecken des Sechskants übertragen werden. Die Schlüsselsätze sollten auf jeden Fall die Schlüsselweiten (SW) 6 bis 22

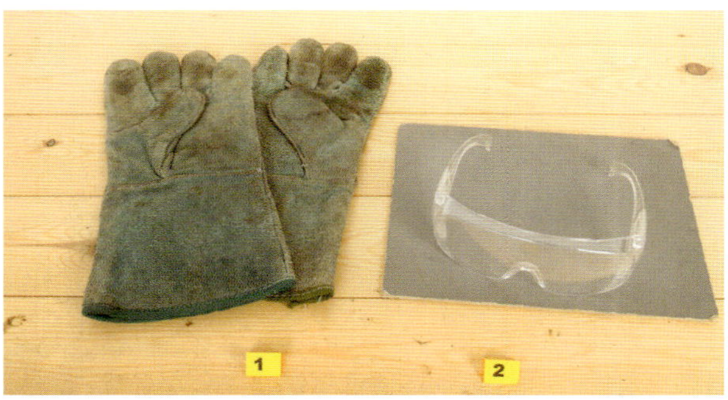


*Abb. 1.1 Als Teil der Sicherheitsausrüstung in der Werkstatt dürfen Schweißerhandschuhe aus Leder (für Arbeiten an heißen Bauteilen) und eine Schutzbrille nicht fehlen.*

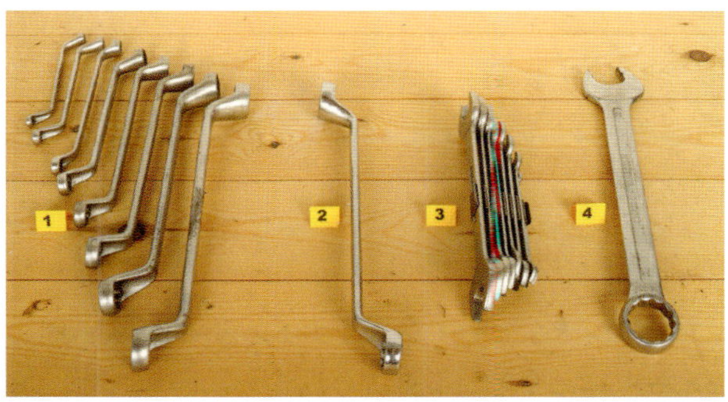


*Abb. 1.2 Die Grundausstattung an Schraubenschlüsseln für Arbeiten an luftgekühlten VW-Motoren: 1) Ringschlüssel SW 6–22, 2) zusätzlicher Schlüssel (SW 21) für die Mutter der Lichtmaschinenriemenscheibe am Motor des Typ 1, 3) Gabelschlüsselsatz SW 6–22, 4) zusätzlicher Ringgabelschlüssel (SW 30) für die Kurbelwellenriemenscheibenschraube des Typ 1*

mm abdecken. Nützliche weitere Größen sind SW 30 für die Befestigungsschraube der Kurbelwellenriemenscheibe sowie SW 21 für die Mutter der Lichtmaschinenriemenscheibe (notfalls tut es hierfür auch der Rohrsteckschlüssel aus dem Bordwerkzeug).

Zu den weiteren nützlichen Werkzeugen im Bordwerkzeugsatz oder in der Werkstatt gehört vor allem eine Feststellzange – im Werkstattjargon gemeinhin als Gripzange bekannt.

Auch eine so genannte Wasserpumpenzange (wie man sie aus dem Flaschnerhandwerk kennt) macht sich immer wieder bezahlt, ebenso eine normale Kombizange. Fühlerlehren und Schraubendreher in diversen Größen werden für die Einstellung des Ventilspiels, des Unterbrecherkontaktabstands und des Zündkerzenelektrodenabstands benötigt. Ein Hammer darf im Werkzeugkasten ebenfalls nicht fehlen – allerdings sollten wir ihn nicht gerade am Kurbelgehäuse oder an den Zylinderköpfen zur Hand nehmen.

Wer tiefer in die Schlosserei an luftgekühlten VW-Motoren einsteigt, wird für bestimmte Aufgaben die im Folgenden aufgeführten Werkzeuge benötigen. Schrauben mit Innensechskantkopf (Inbusschrauben) sowie Innenzwölfkantschrauben finden sich vor allem an den 1700-, 1800-ccm- und 2-Liter-Motoren, also benötigen wir die entsprechenden Schraubenschlüssel. Bei der Kurbelwellenüberholung an frühen Typ-1-Motoren müssen die Pleuelmuttern mit einem Körner (bei VW wird dieses Werkzeug als „Kerbstemmer" bezeichnet) in einer Vertiefung am Pleuel verstemmt werden. Bei der Messung des Kurbelwellenaxialspiels mit der Fühlerlehre wird die benötigte Dicke der dritten Abstandsscheibe mithilfe einer Bügelmessschraube (Mikrometer) ermittelt. Der Kurbelwellen-Simmerring muss beim Typ 1 mithilfe eines kreisrunden Eindrückwerkzeugs in Kombination mit der Schwungradhalteschraube in seinem Sitz montiert werden. Mit entsprechendem Feingefühl lässt sich diese Arbeit auch mit einem Holzklotz und einem Gummihammer erledigen. Beim Aufsetzen der Zylinder auf den Kolben ist die Verwendung eines Kolbenringspannbands dringend ratsam, um zu verhindern, dass bereits beim Zusammenbau ein Kolbenring zu Bruch geht.

Bei Aus- und Einbau der Zahnräder auf der Kurbelwelle ist der Sicherungsring zu beachten, der die Zahnräder auf der Welle fixiert. Mit den üblichen Sicherungsringzangen mit spitzen Enden, die in die Löcher im Sicherungsring greifen, kommt man hier allerdings nicht weit. Wir benötigen vielmehr eine spezielle Spreng-

*Abb. 1.3 Weitere wichtige Werkzeuge für Arbeiten an den luftgekühlten VW-Motoren: 1) Gripzange, 2) Wasserpumpenzange, 3) Kombizange, 4) Fühlerlehrensatz, 5) Schraubendreher in diversen Größen, 6) Hammer*

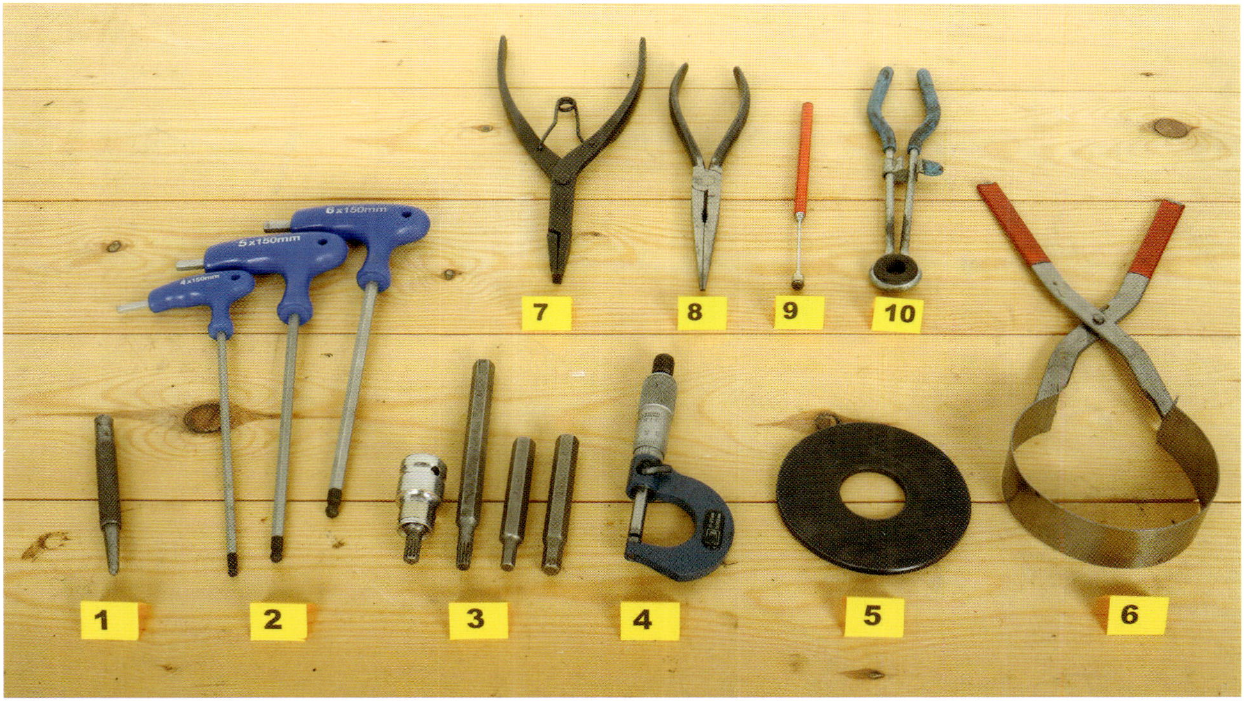


*Abb. 1.4 Spezialwerkzeuge für Motorarbeiten auf Fortgeschrittenenniveau: 1) Körner (Kerbstemmer) 2) Innensechskantschlüssel (Inbusschlüssel), 3) Innenzwölfkantsteckschlüssel SW 8 und Inbus-Einsätze, 4) Bügelmessschraube, 5) Einpresswerkzeug für den Kurbelwellendichtring, 6) Kolbenringspannband, 7) Sprengringzange mit abgeflachten Enden, 8) langschenklige Spitzzange (Langbeckzange), 9) Magnet mit Verlängerungsarm, 10) Schlauchabklemmwerkzeug*

ringzange mit breiten Backen, mit denen wir den Ring an den Ringenden fassen und aufspreizen können.

Beim Ausbau der Ventile aus dem Zylinderkopf sind ein Magnet mit Verlängerung oder eine Spitzzange mit langen schlanken Backen hilfreich, um die Ventilkeile zu fassen zu bekommen, bevor sie in einen unzugänglichen Winkel wegspringen.

Der Benzintank sitzt bei Typ-2-Modellen der 1. und 2. Generation über dem Motor. Daher muss der Benzinschlauch unbedingt mit einer stabilen Klammer abgeklemmt werden, bevor er am Motor abgezogen wird. Anschließend werden die Rohrleitung verschlossen und die Klammer wieder vom Schlauch abgezogen, damit der Schlauch keinen Schaden nimmt.

Bei Motorarbeiten stellt sich häufig das Problem, dass uns die in Vertragswerkstätten vorhandenen Spezialwerkzeuge fehlen. Also müssen wir eine Behelfslösung austüfteln und das passende Werkzeug, mit dem wir zum Ziel kommen, selbst anfertigen oder umbauen. Abb. 1.5 zeigt einen Abzieher, mit dem sich auch besonders stramm sitzende Kurbelwellenriemenscheiben lösen lassen. Für Ventilarbeiten ist der Einschleifstab mit Gummisaugnapf ein seit Jahrzehnten bewährter Klassiker, der auch heute noch bei besseren Werkzeughändlern erhältlich ist. Auch ein Stück stabiler Kleiderbügeldraht bietet vielfältige Anwendungsmöglichkeiten, beispielsweise beim Einbau der Anlaufscheiben am unteren Ende der Verteilerantriebswelle und der Montage der Distanzfeder in ihrem Sitz am oberen Wellenende. Beim Aufsetzen der Zylinder auf die Kolben hat es sich bewährt, den soeben montierten Zylinder mit Kupfer-Distanzhülsen in Kombination mit einer Zylinderkopf-Unterlagscheibe und -mutter zu fixieren, während die Kurbelwelle weitergedreht wird, bis der nächste Kolben in der richtigen Position für die Zylindermontage steht.

Ein Holzdorn, dessen Form entsprechend der Vertiefung in der Verteilerantriebswelle abgedreht wurde, kommt beim Aus- oder Einbau der Antriebswelle zum Einsatz. Sitzt die Welle allzu fest und widersetzt sie sich dem Ausbauversuch, gibt es für derartige Fälle auch ein (nicht billiges) Spezialwerkzeug, allerdings ist es in diesem Fall besser, die Antriebswelle erst auszubauen, wenn das Kurbelgehäuse geöffnet wird.

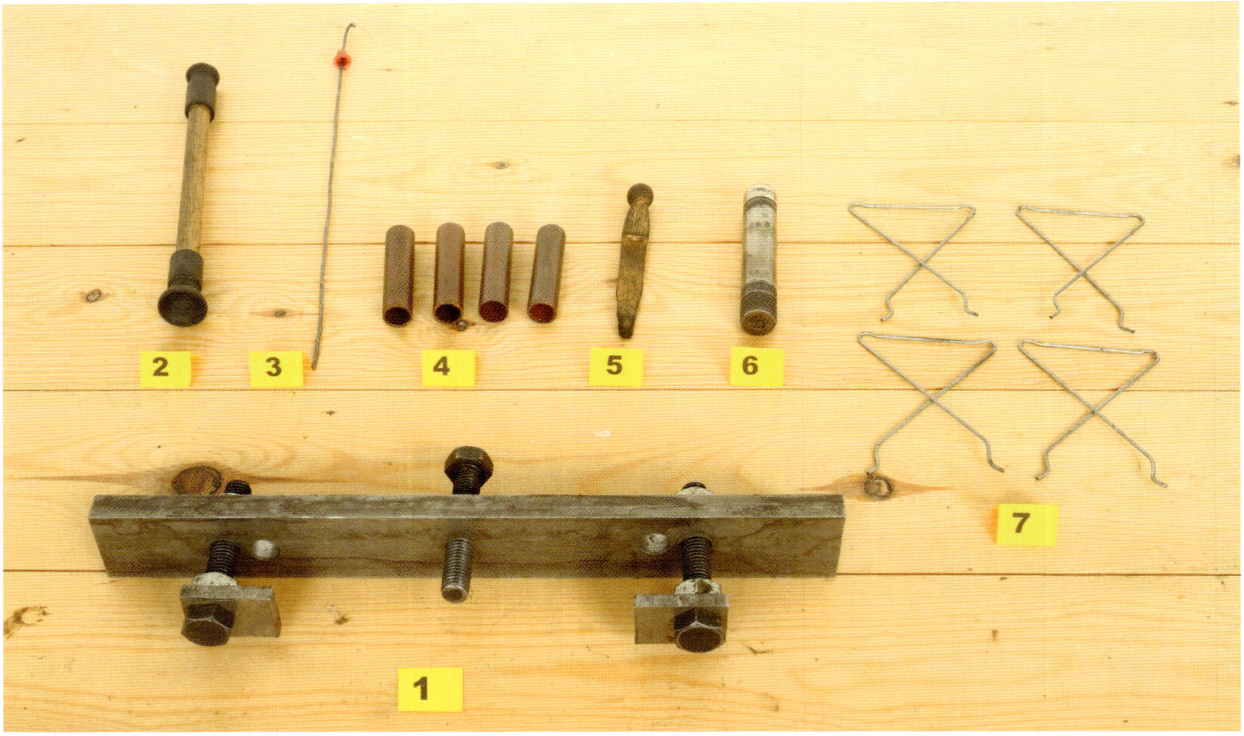


*Abb. 1.5 Eigenbau- oder modifizierte Werkzeuge sind auch bei komplizierteren Motorarbeiten keineswegs fehl am Platz. Mit Ausnahme von Werkzeug Nr. 2 sind alle hier gezeigten Werkzeuge das Ergebnis von Eigenbauten oder Umbauten anderer Werkzeuge: 1) Eigenbau-Abzieher für die Kurbelwellenriemenscheibe an Typ-1-Motoren, 2) Ventileinschleifstab mit Gummisaugnapf, 3) Hilfswerkzeug aus stabilem Draht (z. B. aus einem alten Kleiderbügel) für den Einbau der beiden Anlaufscheiben in der Bohrung für die Verteilerantriebswelle und die Distanzfeder am oberen Wellenende, 4) Kupferhülsen für die provisorische Fixierung der Zylinder beim Einbau, 5) Holzdorn für Aus- und Einbau der Verteilerantriebswelle, 6) ein ausrangierter Käfer-Achsschenkelbolzen als Treibdorn für die Kolbenbolzenmontage, 7) Drahtbügel als Haltewerkzeug für die Stößel.*

*Abb. 1.6 Hilfswerkzeuge für den Einbau der beiden Zahnräder und des Zwischenrings auf der Kurbelwelle: 1) ein Stahlrohr aus dem Eisenhandel oder vom Alteisenplatz als Treibhülse, 2) Sprengring-Flachzange für den Einbau des Sprengrings, 3) ein Hammer mit Spezialkopf, der auf Stahlteilen keine Schlagspuren hinterlässt.*

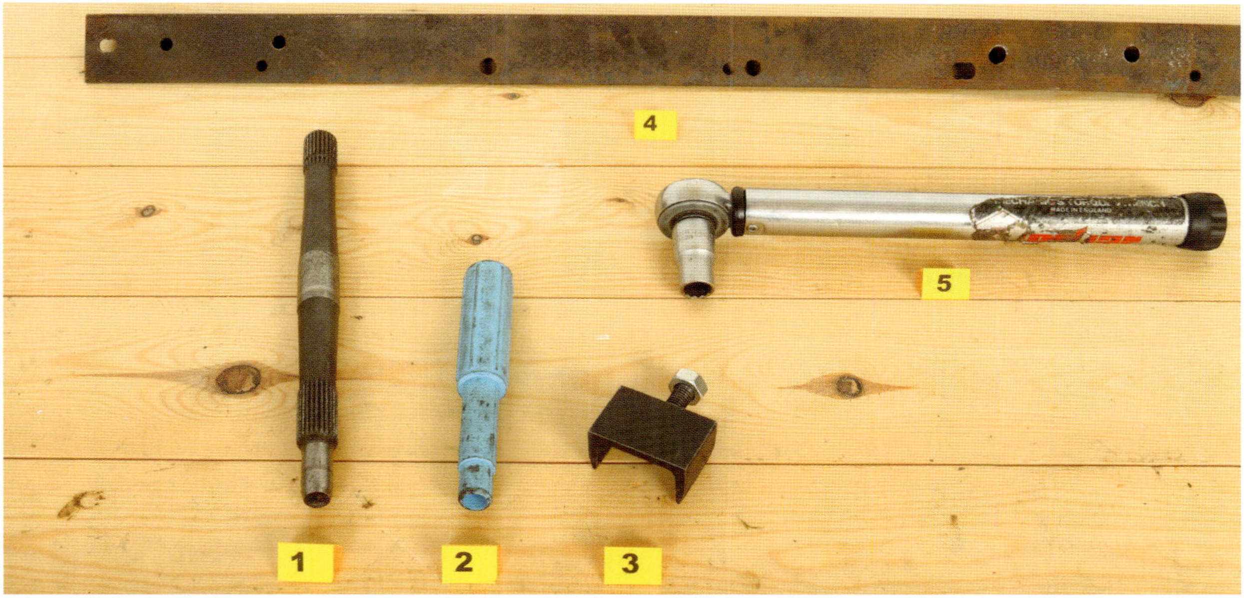


*Abb. 1.7* *1) Getriebeeingangswelle (aus einem Schrottgetriebe) als Führungsdorn für die Zentrierung der Mitnehmerscheibe beim Einbau der Kupplungsdruckplatte, 2) Kunststoffdorn für die Zentrierung der Mitnehmerscheibe, 3) Schwungradsicherungswinkel, 4) ein Flacheisen, das an den Kupplungsdruckplattenschrauben mit dem Schwungrad verschraubt wird, ist die sicherste Methode, um das Schwungrad gegen Mitdrehen zu sichern, wenn die Schwungradschraube beim Typ 1 auf ihr (hohes) Drehmoment angezogen wird, 5) Drehmomentschlüssel und Steckschlüsseleinsatz SW13 oder SW14 (je nach Baujahr) zum Festziehen der Kupplungsdruckplattenschrauben.*

*Abb. 1.8* *1) Steckschlüsselsatz mit ½-Zoll-Antrieb, 2) tiefe und normale Steckschlüsseleinsätze mit ⅜-Zoll-Antrieb und Knarre, 3) Steckschlüssel SW 36 und Knebel mit 1-Zoll-Antrieb zum Festziehen der Kurbelwellenhalteschraube, 4) Drehmomentschlüssel mit Messbereich von 5 bis 60 Nm.*

Wenn die Kolben ausgebaut werden müssen, macht sich ein alter Käfer-Achsschenkelbolzen oder ein ähnlicher Rundstahl als Austreibdorn für den Kolbenbolzen bezahlt. Die Drahtklammern in Abb. 1.5 waren ursprünglich Verpackungsbügel für eine Industriemaschine und eigentlich schon auf dem Weg in die Schrottkiste. Sie haben sich vor allem beim Zusammenbau des Motors als Haltewerkzeuge für die Stößel und die rechte Kurbelgehäusehälfte immer wieder bewährt.

Beim Einbau des Kurbelwellenrades, des Zwischenrings und des Verteilerantriebsrades auf der Kurbelwelle sollten Sie unbedingt Schweißhandschuhe aus Leder tragen, denn diese Bauteile sind sehr heiß, wenn wir sie aus dem kochenden Wasser nehmen. Ein Metallrohrstück aus dem örtlichen Eisenwaren- oder Schrotthandel eignet sich als Einbauwerkzeug, um die Zahnräder auf die Kurbelwelle aufzupressen. Der Sprengring wird mit einer Sprengringzange mit breiten flachen Backen montiert.

In einer gut ausgestatteten Werkstatt dürfen auch die Werkzeuge für den Aus- und Einbau der Kupplung nicht fehlen. Das ideale Werkzeug zum Zentrieren der Kupplungsscheibe beim Zusammenbau der Kupplung ist eine ausrangierte Getriebeeingangswelle aus einem VW-Schrottgetriebe.

Kupplungsscheiben-Zentrierdorne aus Kunststoff oder Stahl sind im Fachhandel ebenfalls erhältlich. Beim Einbau der Kupplung muss das Schwungrad durch eine Haltevorrichtung gegen Mitdrehen gesichert werden. Diese Haltevorrichtung wird an einer der oberen Befestigungsstellen am Kurbelgehäuse angeschraubt. Bei anderen Arbeiten, bei denen sich die Kurbelwelle nicht mitdrehen darf, ist es am zweckmäßigsten, das Schwungrad durch ein Flacheisen passender Länge zu blockieren, das an zwei der Schraublöcher für die Druckplatte angeschraubt wird.

Ein Steckschlüsselsatz ist immer eine lohnende Investition. Früher waren ½-Zoll-Sätze Stand der Technik, mittlerweile werden jedoch häufig ⅜-Zoll-Sätze verwendet. Sie sind vor allem bei beengten Platzverhältnissen erste Wahl. Für die Schwungradschraube, die mit hohem Drehmoment (je nach Motorausführung 300 bis 350 Nm) angezogen werden muss, benötigen wir eine ¾- oder 1-Zoll-Stecknuss mit Schlüsselweite (SW) 36 und Knebel als Betätigungshebel. Auch ein Drehmomentschlüssel mit einem Messbereich von 5 bis 60 Nm sollte im Werkstatfundus nicht fehlen.

Ein Rangierwagenheber mit ausreichendem Hub und Unterstellböcke sind beim Aus- und Einbau der VW-Motoren unverzichtbar. Reihen-Frontmotoren werden in der Regel mit einem Motorkran nach oben ausgebaut, das VW-Aggregat wird dagegen nach unten abgelassen. Deshalb sollte auch ein Paar groß dimensionierter Holzklötze bereitliegen, auf die der Motor abgelassen werden kann, bevor wir nach dem Ausbau die Auflagen zwischen Motor und Wagenheber entfernen.

*Abb. 1.9 Ein Rangierwagenheber und Unterstellböcke sind beim Motoraus- und -einbau ein Muss. Die Holzklötze dienen als Unterlagen für den Motor.*

KAPITEL 2

# DER MOTOR DES TYP 1: SO BLEIBT DAS KÄFERHERZ GESUND

Auch der sprichwörtlich unverwüstliche VW-Motor benötigt ein gewisses Maß an regelmäßigen Wartungsarbeiten, damit er in einwandfreiem Zustand bleibt. Anders als bei den heute üblichen Fahrzeugen können wir von Wartungsintervallen von 20.000 km oder mehr freilich nur träumen. Beim Typ 1 sind vielmehr sogar manche wöchentliche Kontrollen erforderlich, und auch der „große Kundendienst" ist alle 5000 oder spätestens alle 10.000 km fällig.

Ein typischer Kandidat für häufige Zuwendung ist der Keilriemen, denn er treibt nicht nur das Motorgebläse an, das die lebenswichtige Kühlluft für Zylinder und Zylinderköpfe liefert, sondern auch die Lichtmaschine, die ihrerseits die Batterie ständig in geladenem Zustand hält. Ist die Riemenspannung zu gering, liefert das Gebläse bei höheren Drehzahlen keinen ausreichenden Kühlluftdurchsatz mehr, und auch die Batterie erhält nicht mehr den nötigen Ladestrom.

## WÖCHENTLICHE KONTROLLE (ODER ALLE 500 KM)

1. Keilriemenspannung: 500 km nach Einbau eines neuen Keilriemens kontrollieren (siehe 5000-km-Kundendienst unten).
2. Motorölstand prüfen.

## MOTORKUNDENDIENST (ALLE 5000 KM)

1. Keilriemenspannung prüfen und einstellen.
2. Motoröl wechseln und Ölsieb reinigen.
3. Luftfilter reinigen und gemäß Wartungsplan mit frischem Öl befüllen (Ölbadluftfilter).
4. Benzinpumpenfilter reinigen (nur bei frühen Ausführungen).
5. Zustand von Zündkabel, Verteilerdeckel und -läufer prüfen.
6. Unterbrecherkontaktabstand nachstellen und ggf. Kontaktflächen mit einem in Alkohol angefeuchteten Tuch vorsichtig reinigen.
7. Zündzeitpunkt kontrollieren und ggf. einstellen.
8. Zündkerzen kontrollieren.
9. Kupplungsspiel prüfen.
10. Ventilspiel kontrollieren (ggf. nachstellen).

## KEILRIEMENSPANNUNG (TYP-1-MOTOR)

Bei den luftgekühlten VW-Modellen sollten ein Ersatzkeilriemen und die notwendigen Werkzeuge für den Keilriemenwechsel immer im Kofferraum mitreisen. Wenn unterwegs der Keilriemen reißt (was durch die aufleuchtende Ladekontrollleuchte angezeigt wird), sollten wir so schnell wie möglich anhalten und den Motor abstellen. Das Fahrzeug ließe sich zwar noch einige Zeit weiterfahren, bevor die Batterie leer ist, der Typ-1-Motor würde aber rasch überhitzen und irreparable Schäden davontragen, wenn das (ebenfalls vom Keilriemen angetriebene) Kühlgebläse, das den lebenswichtigen Kühlluftstrom erzeugt, nicht mehr mitläuft.

Wenn der Keilriemen bei laufendem Motor sichtbar „eiert", muss er nachgespannt werden. Zur Kontrolle der Keilriemenspannung stellen wir den Motor ab und ziehen sicherheitshalber den Zündschlüssel ab. Dann den Riemen mit dem Daumen in der Mitte zwischen den Riemenscheiben eindrücken. Der Riemen darf sich bei den älteren Motoren bis 1967 um nicht mehr als ca. 13 mm eindrücken lassen, beim 1500 und den ab 1967 gebauten Modellen um nicht mehr als 10 mm. Lässt sich der Riemen weiter durchdrücken, ist es an der Zeit, ihn nachzuspannen. Bei dieser Gelegenheit kontrollieren wir den Keilriemen auch auf Alterungsspuren, Einrisse oder glattpolierte Flanken (was auf Rutschen des

*Abb. 2.1 Der Keilriemen muss rissfrei sein und darf keine Ausfransungen zeigen. Im „Notfallsatz" für unterwegs darf ein Ersatzkeilriemen nicht fehlen.*

Riemens hindeuten könnte) und montieren im Zweifelsfall gleich einen neuen Riemen.

Volkswagen ging beim Typ 1 nicht den üblichen Weg anderer Motorhersteller, die am Motorblock eine Spannschiene zur Nachstellung der Keilriemenspannung anbrachten.

Stattdessen verwendete VW eine geteilte konische Riemenscheibe mit Einstellscheiben. Wenn Einstellscheiben zwischen den beiden Riemenscheibenhälften herausgenommen werden, nimmt der Innendurchmesser der Riemenscheibe zu und der Keilriemen wandert in der Riemenscheibennut weiter nach außen. Damit verringert sich das Keilriemenspiel.

## Keilriemen nachspannen/erneuern (Abb. 2.2–2.3)

Benötigte Werkzeuge:

- Schlitzschraubendreher (mittelgroße bis große Klingenbreite)
- Ringschlüssel oder Steckschlüsseleinsatz SW 21 oder Rohrsteckschlüssel aus dem Bordwerkzeug
- Gabel- oder Ringschlüssel SW 30

1. Mit dem 21er Ring- oder Rohrsteckschlüssel die Haltemutter der Lichtmaschinenriemenscheibe im Uhrzeigersinn drehen, bis die Öffnung am vorderen Rand der inneren Riemenscheibenhälfte gerade eben den oberen Totpunkt passiert hat. Schraubendreher durch die Öffnung durchstecken, so dass die Klinge auf der oberen Lichtmaschinengehäuseschraube ruht. Die Riemenscheibe kann sich beim Losdrehen der Mutter jetzt nicht mitdrehen.
2. Mutter lösen, dann die Topfscheibe, die nicht benötigten Abstandsscheiben und die äußere Riemenscheibenhälfte abnehmen. Zwischen den beiden Riemenscheiben müssten noch weitere Abstandsscheiben sitzen; wenn nicht, muss der Keilriemen auf jeden Fall erneuert werden. Eine Abstandsscheibe herausnehmen und zu den nicht benötigten Abstandsscheiben legen, die vor der äußeren Riemenscheibe herausgenommen wurden.
3. Vor dem Zusammenbau prüfen, ob am Riemen übermäßige Verschleiß- oder Ausfransungsspuren zu erkennen sind. Im Zweifel einen neuen Riemen einbauen – immerhin hängt die Gesundheit des Motors davon ab! Beim Keilriemenwechsel bei späteren Motoren muss die Abdeckung über der Kurbelwellenriemenscheibenschraube ausgebaut werden, die von drei M6-Schlitzschrauben gehalten wird.
4. Keilriemen um die untere Riemenscheibe legen und auf die innere Lichtmaschinen-Riemenscheibenhälfte aufschieben. Eine Abstandsscheibe haben wir ja zuvor bereits entfernt, also setzen wir jetzt die äuße-

*Abb. 2.2 Ein Schraubendreher, der durch die Öffnung in der Riemenscheibe durchgesteckt wird, verhindert, dass die Riemenscheibe sich beim Lösen der Mutter mitdreht.*

*Abb. 2.3 Zur Einstellung der Keilriemenspannung werden Abstandsscheiben zwischen den beiden Riemenscheibenhälften herausgenommen oder eingelegt Die überzähligen Abstandsscheiben werden zwischen der Topfscheibe und der vorderen Riemenscheibenhälfte eingelegt.*

*Abb. 2.4 Bei späteren Motoren sitzt eine Abdeckung über der Kurbelwellenriemenscheibenmutter. Frühe Brezelfenstermodelle besitzen eine Halterung, die so verschwenkt werden kann, dass sich die Andrehkurbel in den Mitnehmer auf der Riemenscheibenmutter einstecken lässt.*

re Riemenscheibenhälfte auf (Vorsicht, dass die Haltenasen der äußeren Scheibenhälfte richtig in den Aussparungen in der inneren Scheibenhälfte liegen). Dann die nicht benötigten Abstandsscheiben außen auflegen, anschließend die Topfscheibe und die Riemenscheibenmutter montieren. Beim Anziehen der Mutter darf der Motor ruhig etwas mitdrehen, da dadurch der Keilriemen leichter seinen richtigen Sitz in der Riemenscheibennut findet.

Zum Abschluss die Mutter fest anziehen. Dazu vorher den Schraubendreher in die Öffnung auf der Rückseite der inneren Riemenscheibenhälfte einstecken, so dass er am linken Rand des Lichtmaschinengehäuses anliegt. Riemenspannung nachkontrollieren und, falls sie immer noch zu gering ist, die Einstellschritte wiederholen. Den Keilriemen aber keinesfalls zu stramm spannen, da sonst die Lichtmaschinenlager überbeansprucht werden könnten.

*Teilenummern*

| | |
|---|---|
| 111 903 137 | Keilriemen, Breite 13 mm (25 PS) |
| 111 903 137D | Keilriemen, Breite 9,5 mm, alle Modelle (Gleichstromlichtmaschine) |
| 111 903 137E | Keilriemen, Breite 11,3 mm, alle Modelle (Drehstromlichtmaschine) |

## KEILRIEMEN NACHSPANNEN/ERNEUERN, TYP 3 (ABB. 2.5–2.6)

Der Motor im VW Typ 3 entspricht von seiner Grundkonzeption her dem Käfermotor. Allerdings sitzt das Kühlgebläse direkt auf der Kurbelwelle in einem völlig anders gestalteten, flacheren Gehäuse, das durch die „Unterflur"-Bauart des Motors bedingt ist. Die Lichtmaschine ist bei diesem Motor links vom Zündverteiler angeordnet. Zur Einstellung des Keilriemens muss zuerst die Abdeckung des Ansaugluftgehäuses ausgebaut werden.

Die Einstellschritte entsprechen im Wesentlichen dem beim Typ 1 beschriebenen Ablauf, allerdings wird die Riemenscheibe von zwei Muttern gehalten. Die innere Mutter (SW 27) wird mit einem Schraubenschlüssel gegengehalten und die äußere Mutter (SW 21) mit einem zweiten Schlüssel gelöst.

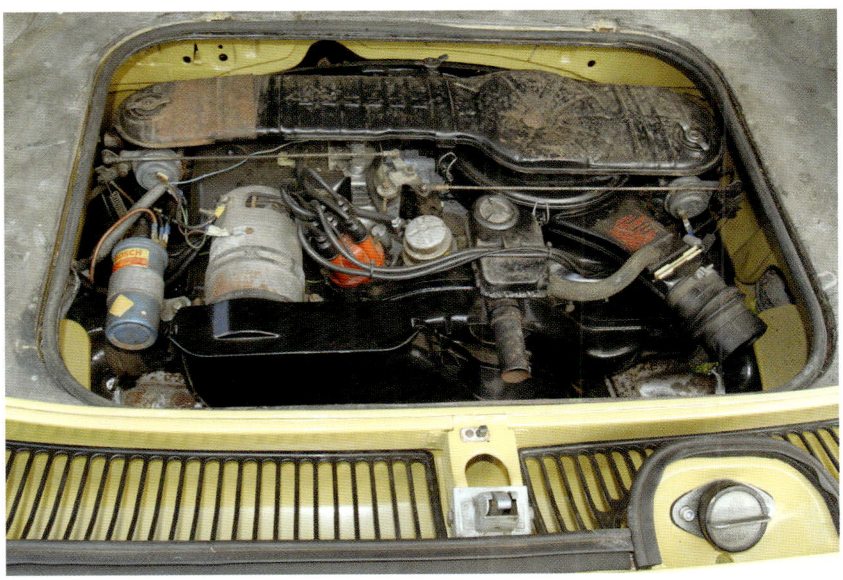

*Abb. 2.5 Zur Keilriemeneinstellung beim Typ 3 muss die schwarze Abdeckung rechts von der blauen Bosch-Zündspule ausgebaut werden.*

*Abb. 2.6 Unter der Abdeckung kommt beim Motor des Typ 3 eine ähnliche Einstellvorrichtung wie beim Typ 1 zum Vorschein.*

Die Riemenspannung stimmt, wenn der Keilriemen sich mittig zwischen den beiden Riemenscheiben um nicht mehr als 15 mm eindrücken lässt. Ab August 1971 betrug dieses zulässige Maß nur noch 6 mm.

## MOTORÖLSTAND KONTROLLIEREN (ABB. 2.7)

Das Motoröl übernimmt neben der Schmierung zugleich eine wichtige Kühlfunktion – genau wie der vom Kühlgebläse erzeugte Kühlluftstrom. Das Öl führt einen Teil der Motorwärme ab und wird beim Durchtritt durch den Ölkühler im Gebläsegehäuse vom Kühlluftstrom des Gebläses gekühlt. Bei zu niedrigem Ölfüllstand kann der Motor heißlaufen.

Andererseits darf auch nicht zuviel Motoröl eingefüllt werden, denn auf der Riemenscheibenseite der Kurbelwelle ist konstruktiv kein Wellendichtring vorgesehen. An diesem Kurbelwellenende soll vielmehr eine konkave Ölablenkscheibe etwaiges austretendes Öl in das Kurbelgehäuse zurückleiten. Bei zu hohem Ölstand kann die Ablenkscheibe ihre Funktion aber nicht mehr erfüllen und es tritt Motoröl hinter der Riemenscheibe aus und verteilt sich durch die rotierende Kurbelwelle rasch im gesamten Motorraum.

Ratsam ist eine wöchentliche Kontrolle des Motorölstandes – und vor längeren Fahrten kontrollieren wir sowieso immer. Beim Nachfüllen darf nur so viel Öl nachgefüllt werden, dass der Ölstand nicht über die obere Marke am Ölmessstab ansteigt. Andererseits darf der Ölstand auch nie unter die untere Marke absinken. Die Füllmenge zwischen der unteren und oberen Marke am Ölmessstab beträgt 0,5 Liter.

*Abb. 2.7 Öleinfülldeckel und Ölmessstab an den Motoren des Typ 1.*

### Motoröl wechseln und Ölsieb reinigen (Abb. 2.8–2.10)

Benötigte Werkzeuge und Ersatzteile:

- Ringschlüssel oder Steckschlüsseleinsatz SW 21 oder Rohrsteckschlüssel aus dem Bordwerkzeug
- Ringschlüssel oder Steckschlüsseleinsatz SW 10
- Ölauffangwanne (Tipp für Eigenbau: 5-Liter-Kunststoffkanister, in den in eine Seitenwand eine Auffangöffnung eingeschnitten wird)
- Altölkanister
- Einweghandschuhe
- Dichtsatz für Ölwechsel
- Ölfilter (nur ab August 1992 – Mexikokäfer)
- Passender Ölfilterschlüssel für Mexikokäfer
- Motoröl
- Einfülltrichter

Ölfüllmenge:

- 2,5 Liter (bei allen Modellen außer Mexikokäfer mit Einspritzanlage)
- 3 Liter (bei Mexikokäfer und T3 CT-Motor)

Anzugsdrehmomente:

- M6-Hutmuttern Steckschlüssel SW 10 7 Nm
- Ablassschraube Steckschlüssel SW 21 34 Nm

1. Motor warmlaufen lassen (das warme Motoröl läuft leichter und vollständiger ab). Wer nicht zur „Lowrider“-Fraktion gehört, sondern sein Pkw-Modell mit serienmäßiger Fahrwerkshöhe bewegt, braucht den Wagen zum Ölwechsel nicht hochzubocken. Besser zugänglich ist die Motorunterseite aber, wenn der Wagen am Heck etwas angehoben wird. Bei Arbeiten am angehobenen Fahrzeug den Wagen grundsätzlich mit Unterstellböcken sichern!
2. Als erstes platzieren wir die Auffangwanne unter den Ölablass und ziehen Schutzhandschuhe an, um Hautkontakt mit dem nicht unbedingt gesundheitsfördernden Altöl zu vermeiden. Dann lösen wir mit dem 21er Schlüssel die Ölablassschraube (sofern vorhanden) am Ölsiebverschlussdeckel an der Motorunterseite. Bei späteren Baujahren fehlt die zentrale Ölablassschraube im Ölsiebdeckel. Viele Eigentümer haben ihren Käfer jedoch auf den älteren Deckel mit dieser Ablassschraube rückgerüstet, denn der Ölwechsel kann schnell zu einer schmierigen Angelegenheit geraten, wenn beim Ölwechsel immer der komplette Deckel abgeschraubt werden muss.

   Bei den späteren Baujahren empfiehlt es sich, den Ölsiebdeckel erst komplett abzuschrauben, nachdem das Altöl vollständig abgelaufen ist. Andernfalls läuft uns das noch heiße Altöl unversehens am Arm herunter, mit dem wir gerade an den Befestigungsmuttern herumfingern. Wir lockern also zuerst alle sechs Hutmuttern und drehen dann fünf der Muttern komplett ab, lassen den Deckel aber noch an der letzten Mutter hängen. Dann hebeln wir den Deckel vorsichtig mit einem Schlitzschraubendreher von der Ölwanne ab. Spätestens jetzt läuft das restliche Öl ab. Damit es gleichmäßiger und schneller abfließt, drehen wir zuvor auch noch den Öleinfülldeckel ab.
3. Nachdem das Öl vollständig abgelaufen ist, lösen wir die letzte Haltemutter und nehmen den Ölsiebdeckel und das Ölsieb ab und entfernen die alten Dichtungen. Dann das komplette Ölsieb in Motorreiniger oder

*Abb. 2.8 An der Motorunterseite sitzt dieser Ölsiebverschlussdeckel. Bei späteren Baujahren fehlt die zentrale Ölablassschraube.*

*Abb. 2.9 Die Ablassschraube wird mit einem Steck- oder Ringschlüssel (SW 21) gelöst.*

*Abb. 2.10 Vorsicht, dass die Gewinde der Hutmuttern für den Ölsiebverschlussdeckel beim Festziehen nicht ausreißen. Das Anzugsdrehmoment an diesem M6-Gewinde beträgt nur 7 Nm.*

Benzin reinigen und dabei auch alle Ölschlamm- und Partikelrückstände vollständig entfernen.

4. Sämtliche Dichtungsreste von den Passflächen entfernen, Dichtflächen gründlich säubern und Ölsieb, Ölsiebverschlussdeckel und Ölablassschraube (sofern vorhanden) mit neuen Dichtungen aus dem Dichtungssatz und neuen Kupferringen unter den M6-Stiftschrauben montieren.

   Vorsicht beim Anziehen der sechs Hutmuttern auf den Stiftschrauben des Ölsiebdeckels! Die Stiftschrauben scheren nur allzu leicht ab. Sie sollten ohne übertriebenen Nachdruck mit einem 10er Schlüssel oder einem Drehmomentschlüssel auf das vorgeschriebene Drehmoment von 7 Nm angezogen werden. „Viel hilft viel" gilt hier also nicht! Unter die mittige Ölablassschraube kommt grundsätzlich ein neuer Kupferdichtring, anschließend wird die Schraube mit 34 Nm angezogen.

   Der Einbau einer Magnetablassschraube, die Metallsplitter aus der Ölfüllung im Kurbelgehäuse herausfängt, ist auf jeden Fall eine lohnende Investition.

5. Abweichender Hinweis für den Mexikokäfer ab August 1992 und die CT-Motoren des T3 von 1979-82: Bei diesen Motoren muss die Ölfilterpatrone mit einem passenden Ölfilterschlüssel abgeschraubt werden. Dichtring der neuen Filterpatrone vor dem Einbau dünn mit Motoröl bestreichen und Filter beim Eindrehen nur handfest anziehen.

6. Zuletzt den Motor mit Markenöl befüllen. Dies ist aufgrund der schrägen Lage des Einfüllstutzens manchmal nicht so einfach, wie man meinen könnte. Ein Einfülltrichter erleichtert die Arbeit und es geht weniger Öl daneben.

Volkswagen empfahl ab Werk lange Jahre ausschließlich HD-Einbereichsöl SAE 30 für Ottomotoren. Nicht alle Motorkonstruktionen jener Jahre vertrugen die damals am Markt erhältlichen Mehrbereichsöle. Aufgrund der intensiven Reinigungswirkung der HD-(High-Detergent-)Öle nimmt das Motoröl schon bald nach dem Ölwechsel eine schwärzlich-schmutzige Färbung an. Es ist allerdings Geldverschwendung und überflüssig, deswegen die Ölwechselintervalle zu verkürzen. SAE 30-Öl eignet sich sehr gut für alle gemäßigten Klimaregionen. Für kältere Regionen mit häufigen Außentemperaturen um -15°C wird stattdessen SAE 20-Öl empfohlen. Wenn die Außentemperatur oft unter -15°C sinkt, ist SAE-10-Öl anzuraten. Um das Jahr 1975 ging auch VW angesichts der Fortschritte in der Motorölentwicklung dazu über, Mehrbereichsöle nach der international gültigen API-Norm (American Petroleum Institute) zu empfehlen, insbesondere 20W50 (in neuerer Zeit meist durch 15W40 abgelöst). Mehrbereichsöle behalten ihre Schmier- und Fließeigenschaften über einen wesentlich breiteren Temperaturbereich und ermöglichen somit eine zuverlässigere Schmierung der beweglichen Teile.

Das Thema „Motoröl" sorgt in der VW-Szene seit jeher für Kontroversen. Traditionalisten schwören auf Einbereichsöle (und werden auch bei den heute von verschiedenen Herstellern vertriebenen Klassikerölen fündig), in Extremfällen sogar auf eigentlich für Dieselmotoren vorgesehene Öle (die aufgrund ihrer speziellen Additive bei bestimmten Betriebsbedingungen auch in älteren Ottomotorkonstruktionen Vorteile bieten können). Andere nutzen dagegen seit Jahrzehnten bedenkenlos die Vorteile der Mehrbereichsöle für ihre Klassiker. Die letztendliche Entscheidung bleibt also jedem selbst überlassen.

Natürlich darf das Altöl nur über die zugelassenen Entsorgungswege (Rückgabe bei der Kaufstelle oder bei offiziellen Altölannahmestellen) entsorgt werden. Schon geringe Mengen Motoröl können das Grundwasser großflächig verseuchen, daher ist hier besondere Umsicht angebracht.

## LUFTFILTER REINIGEN UND MIT FRISCHEM MOTORÖL BEFÜLLEN (ABB. 2.11–2.17)

Beim 1131-ccm-Motor mit 25 PS kamen nacheinander verschiedene Luftfilterkonstruktionen zum Einsatz; am verbreitetsten waren ein pilzförmiger Filter sowie der spätere zylindrische Filter (auch als „Trommelluftfilter" bekannt). Ihnen allen gemein ist, dass sie sich nicht zum Reinigen zerlegen lassen.

Die Filterwartung beschränkt sich darauf, nach dem Abbau vom Vergaser Benzin oder einen anderen geeigneten Reiniger in das Rohr zu kippen, welches das Filtergehäuse mit dem Vergaser verbindet (natürlich unter Beachtung aller Sicherheitsmaßnahmen beim Umgang mit leichtflüchtigen und entzündlichen Flüssigkeiten), und durchlaufen zu lassen, bis das Reinigungsmittel verfärbungsfrei an den Luftansaugöffnungen austritt. Vor dem Wiedereinbau den Luftfilter gründlich trocknen lassen.

Ab Ende 1953 erhielten die VW-Triebwerke einen Ölbadluftfilter, dessen Grundkonzeption bis Anfang

*Abb. 2.11* *Der pilzförmige Luftfilter der 25-PS-Motoren (Vergaser Solex 26 VFIS).*

*Abb. 2.12* *Der zylinderförmige Luftfilter, wie er ebenfalls an 25-PS-Motoren zu finden war.*

*Abb. 2.13 Der Ölbadluftfilter am Solex 28 PCI der 30-PS-Motoren.*

*Abb. 2.14 Dieser Ölbadluftfilter war Mitte der 1960er Jahre Stand der Serie. An dem 1300er F-Motor sitzt ein Solex-Vergaser 30 PICT-1 oder 30 PICT-2.*

*Abb. 2.15 Der Ölbadluftfilter des 1500er H-Motors. Der Solex-Vergaser 30 PICT-1 oder 30 PICT-2 erhielt eine geänderte, auf die größeren 1500er Motoren abgestimmte Bedüsung.*

1973 unverändert blieb. Beim Käfer sitzt der Filter direkt auf dem Vergaser, bei anderen Modellen – auch dem Karmann Ghia, dem Typ 2 und dem Bundeswehr-Kübel (Typ 181) – ist der Filter dagegen auf einem Halter seitlich weggebaut und mit einem Gummiformschlauch mit dem Vergaser verbunden. Im Laufe der Jahre hielten immer aufwendigere Konstruktionen Einzug, unter anderem Pappschläuche zur Intensivierung der Warmluftzufuhr in der Warmlaufphase, eine eigene Leitung für die Rückführung der Kurbelgehäusedämpfe sowie thermostatgeregelte Ansaugluftvorwärmanlagen, die temperatur- und motorlastabhängig arbeiteten. Ziel vieler dieser Änderungen in der Serie war, die zunehmend strengeren Abgasgrenzwerte einhalten zu können.

Die Wartung der Ölbadluftfilter läuft jedoch im Wesentlichen immer auf gleiche Weise ab, und meistens muss auch nicht das gesamte Luftfiltergehäuse ausgebaut werden. Wir lösen die Halteklammern und nehmen den oberen Gehäuseteil ab. Wenn Schläuche am Filtergehäuse angeschlossen waren, ziehen wir diese zuvor ab und merken uns, welcher Schlauch wo befestigt wird. Dann den Filtergehäuseoberteil vom Gehäuse abheben, ohne ihn zu kippen, und auf einer sauberen Oberfläche abstellen. Filteroberteil nicht umdrehen, sonst läuft das schmutzige Restöl aus und verunreinigt den Filteroberteil. Das Filtergehäuse muss bis zur Markierung mit Öl gefüllt und frei von übermäßigen Ölschlammrückständen sein. In der Regel braucht die Ölfüllung nur bei jedem zweiten Kundendienst gewechselt zu werden – außer bei Fahrzeugen, die überdurchschnittlich häufig auf staubigen Strecken unterwegs sind.

Zur Reinigung des Filterunterteils wird der Filter vom Motor abgebaut (nachdem alle Anschlussschläuche und Entlüfterleitungen gelöst und ggf. auch der Thermostatbowdenzug ausgehängt wurde). Die Anschlussstellen der Unterdruckleitungen genau kennzeichnen, denn sie dürfen keinesfalls vertauscht werden. Bei falsch angeschlossenen Schläuchen kann der Ansaugunterdruck beim Typ 2 den Benzintank zum Reißen bringen.

Bei Modellen, bei denen das Filtergehäuseunterteil direkt am Vergaser sitzt, muss zum Ausbau die Halteschraube gelöst werden. Bei weggebauten Filtern werden die Halteklammern gelöst, mit denen das Filterunterteil befestigt ist.

Beim Typ 2 ab 1963 sitzt der Luftfilter an einem Halter rechts im Motorraum und ist mit Halteklammern befestigt. Bei diesen Modellen lässt sich der Schlauch am Vergaser problemlos trennen und der komplette Filter kann herausgehoben werden. Der Filterunterteil wird jetzt mit Benzin oder Bremsenreiniger oder einem anderen Lösungsmittel gründlich gereinigt.

Vor dem Einbau genügt es im Allgemeinen, den Filterunterteil an seinem unteren Flansch, der im Öl steht, mit einem sauberen Lappen zu reinigen.

*Abb. 2.16 Der nach unten gerichtete Pfeil in diesem Ölbadluftfiltergehäuse zeigt den maximalen Füllstand im Gehäuse an. Bei manchen Filtermodellen wird dieser Füllstand durch einen roten Strich markiert.*

Bei lange nicht gewarteten Luftfiltern sind jedoch manchmal die Öffnungen im Oberteil zugesetzt und die Ölschlammablagerungen müssen mit einem Schaber entfernt werden. Zur Reinigung stellen wir das Filteroberteil in ein bis zu einer gewissen Füllhöhe mit Lösungsmittel (z. B. Paraffin) gefülltes Gefäß. Damit das Lösungsmittel nicht das Öl im Filtergehäuse verunreinigt, blasen wir den Filtereinsatz möglichst mit Druckluft aus und lassen das Filteroberteil vor dem Wiedereinbau vollständig trocknen. Dann Filterunterteil montieren und alle Schläuche und Seilzüge (soweit vorhanden) in der richtigen Reihenfolge anschließen und Öl bis zur Markierung nachfüllen. Anschließend das Filteroberteil montieren und die zuvor abgezogenen Schläuche wieder anschließen. Beim Typ 2 ab 1963 ist es einfacher, den Filter mit Öl zu befüllen und die beiden Filterteile zusammenzubauen und erst danach den kompletten Filter an seinem Halter zu montieren.

Manche VW-Fahrer – vor allem jene, deren Motor mit einem nicht originalen Vergaser bestückt ist – rüsten passende, aber nicht originale Luftfilter nach, z. B. von K&N. Manche Ausführungen – wie gerade die K&N-Filter – lassen sich reinigen und können nach der Benetzung mit frischem Öl weiterverwendet werden, bei anderen muss der Papiereinsatz in gewissen Intervallen erneuert werden. Grundsätzlich sind die Herstelleranweisungen zu beachten.

Ab Anfang 1973 erhielten der Käfer und der Typ 2 neue Luftfilter mit Papiereinsätzen, wenig später auch die anderen luftgekühlten VW. Der Papierfilter sollte alle 30.000 km erneuert werden – oder öfter, wenn der Wagen oft auf staubigen Straßen gefahren wird. Manchmal genügt es aber vollauf, den Filtereinsatz mit Druckluft auszublasen.

Zum Wechsel des Filtereinsatzes muss bei manchen Modellen mit Trockenluftfilter das gesamte Filtergehäuse ausgebaut werden (zuvor aber die Anschlussstellen der Anschlussschläuche und Unterdruckleitungen genau kennzeichnen!). Um den Filtereinsatz herauszunehmen, müssen dann nur noch diverse Halteklammern gelöst werden. Bevor wir das neue Filterelement einlegen, säubern wir das Filterunterteil gründlich.

*Abb. 2.17 Unter der Haube dieses späten Käfers mit 1600-ccm-Motor (50 PS) ist ein Trockenluftfilter mit auswechselbarem Papierfilterelement montiert.*

## DIE KRAFTSTOFFPUMPE

Bei den 25- und 30-PS-Motoren bis August 1960 sitzt die Benzinpumpe links am Kurbelgehäuse und wird von einem waagerechten Stößel betätigt, der über einen Exzenternocken am unteren Ende der Verteilerantriebswelle angetrieben wird. Eine Ausnahme bildet hier lediglich der im Mai 1959 eingeführte Motor des Typ 2, der zwar ebenfalls nur 30 PS entwickelte, konstruktiv aber bereits die Neuerungen des im August 1959 zum Modelljahr 1960 für alle Modelle eingeführten 34-PS-Motors vorwegnahm. Bei dieser Weiterentwicklung sitzt die Benzinpumpe auf der Kurbelgehäuseoberseite und wird über einen senkrechten Stößel angetrieben, der seinerseits von einem Exzenternocken unten an der Verteilerantriebswelle betätigt wird. Beide Pumpen sitzen auf einem Kunststoff-Zwischenflansch, der als Führung für den Betätigungsstößel dient. Der Stößelhub – und damit der Förderdruck – kann durch Zwischenlegen einer zusätzlichen Dichtung verändert werden, allerdings muss grundsätzlich auf beiden Seiten des Flansches je mindestens eine Dichtung sitzen.

Ab März 1972 kam eine Benzinpumpe mit verpresstem Gehäuse zum Einbau, die sich nicht öffnen lässt und daher nicht repariert werden kann. Viele Besitzer rüsteten daraufhin einen Benzin-Leitungsfilter nach. Oft sind diese neueren Pumpen auch bei den nach 1960 produzierten Motoren als Ersatz für die Originalpumpe zu finden. Diese späteren, nicht reparierbaren Pumpen existieren in zwei Versionen – bei der Ausführung für Modelle mit Drehstromgenerator ist das Pumpengehäuse schräg am Motor angeordnet, damit der nötige Freiraum für den größeren Generatordurchmesser erhalten bleibt.

## BENZINPUMPENFILTER REINIGEN (NUR FRÜHE BAUJAHRE)

Aus naheliegenden Gründen ist es nicht ratsam, bei heißem Motor an der Kraftstoffanlage zu arbeiten. Die Gewebe-Benzinschläuche müssen grundsätzlich mit Metallschlauchschellen befestigt werden und dürfen keinesfalls durch qualitativ minderwertige Kunststoffleitungen ersetzt werden.

Beim Einbau neuer Benzinleitungen bitte immer auf den richtigen Schlauchdurchmesser achten und die Schlauchschellen nicht allzu fest anziehen. Wenn es hier zu einem Benzinleck kommt, kann der Motor oder schlimmstenfalls der gesamte Wagen abgefackelt werden!

### 25- UND 30-PS-MOTOREN (ABB. 2.12)

Benötigte Werkzeuge:

- Gabel- oder Ringschlüssel SW 14
- Kleiner Pinsel
- Feuerlöscher

Ein griffbereiter Feuerlöscher ist bei Arbeiten an der Kraftstoffanlage immer sinnvoll – und auch im Fahrzeug sollte ein Feuerlöscher nicht fehlen.

Die Verschlussschraube auf der Benzinpumpenoberseite lösen und den kegelförmigen Filtereinsatz abnehmen (je nach verbautem Pumpenfabrikat sind Unterschiede in der Filteranordnung möglich). Mit einem Pinsel – auf keinen Fall mit einem Tuch, das Flusen zurücklassen könnte – den Filter in Terpentinersatz oder Benzin reinigen und gründlich trocknen lassen und dann mit der konischen Seite nach oben wieder einbauen. Dichtring erneuern, falls er schadhaft ist, Verschlussschraube festziehen, den Motor probelaufen lassen und ringsum auf Benzinlecks kontrollieren.

### 34-PS- UND ALLE SPÄTEREN MOTOREN (ABB. 2.18)

Alle ab August 1959 verbauten Pumpen sitzen auf der Kurbelgehäuseoberseite. Dabei sind drei Ausführungen zu unterscheiden. Bei den Pumpen mit zentraler Halteschraube auf dem Deckel sitzt unter dem Deckel

*Abb. 2.18 Der Deckel dieser Benzinpumpe kann abgenommen und der darunterliegende Filter ausgebaut und gereinigt werden. Heute sind meistens Pumpen mit verpresstem Gehäuse zu finden. Diese können nicht geöffnet und repariert werden.*

ein Filter, der den gesamten Pumpendurchmesser überdeckt.

Bei Pumpen, an denen eine Sechskant-Verschlussschraube zum Fahrzeugheck zeigt, sitzt hinter der Verschlussschraube ein konischer Filter. Die dritte Pumpenausführung, die bei den späteren Baujahren ab Werk zum Einbau kam, ist heute auch bei älteren Modellen oft als Ersatz für die Originalpumpe zu finden. Diese letzte Ausführung hat ein verpresstes, nicht demontierbares Gehäuse.

Als erstes klemmen wir den Zuleitungsschlauch vom Tank zur Benzinpumpe ab und lösen die Deckelschraube, so dass der Pumpenfilter frei vor uns liegt. Bei späteren Ausführungen müssen die zum Heck zeigende Sechskant-Verschlussschraube gelöst und der dahinterliegende konische Filter herausgenommen werden. Filter nach Anleitung (siehe obigen Abschnitt) reinigen und alle Einzelteile in umgekehrter Reihenfolge des Ausbaus wieder zusammenbauen. Beim Einbau des konischen Filters muss der Konus zur Verschlussschraube hin zeigen.

Ratsam – und bei Modellen mit verpresstem Gehäuse sogar sehr zu empfehlen – ist der Einbau eines Leitungsfilters vor der Benzinpumpe. Am Gehäuse dieser Filter ist meist die Durchflussrichtung durch einen Pfeil gekennzeichnet, so dass Einbaufehler eigentlich ausgeschlossen sind.

## ZÜNDKABEL, VERTEILERDECKEL UND VERTEILERLÄUFER

Arbeiten am Zündverteiler sollten idealerweise bei kaltem Motor durchgeführt werden – vor allem die Kontrolle der statischen Zündzeitpunkteinstellung (siehe unten).

Staub- und Schmutzablagerungen auf den Zündungsteilen können zur Bildung von Kriechströmen führen, die Zündaussetzer und Startschwierigkeiten verursachen. Die Sauberkeit aller Zündungsteile ist also eine der Grundvoraussetzungen für eine voll funktionsfähige Zündanlage. Falls der Motor an feuchten Tagen schlecht anspringt, bringt manchmal ein Starthilfespray Abhilfe. Allerdings sollten die Zündkabel und der Verteilerdeckel anschließend möglichst bald gereinigt werden, denn Staub und Schmutz haften auch nach Abtrocknen der Sprayschicht weiter an und das Anspringverhalten verschlechtert sich noch weiter. Auch den Verteilerläufer bauen wir aus und entfernen die schwarzen Ablagerungen am Läuferkontakt vollständig. Beim Reinigen der Innenseite des Verteilerdeckels kontrollieren wir den Deckel zugleich auf Haarrisse. Risse bedeuten, dass ein neuer Verteilerdeckel fällig ist.

## DIE UNTERBRECHERKONTAKTE

Nun drehen wir den Motor bei abgenommenem Verteilerläufer durch, bis der Fiberklotz des beweglichen Unterbrecherkontakts ganz auf dem Nocken der Verteilerantriebswelle aufgelaufen ist. Die Unterbrecherkontakte sind nun voll geöffnet und wir können den Zustand der Kontaktflächen inspizieren. Falls am einen Kontakt ein Höcker und am anderen ein entsprechender Krater erkennbar ist, kann der Unterbrecherkontakt mit der Fühlerlehre nicht mehr korrekt eingestellt werden. Dann hilft nur Ausbauen und Reinigen (in leichteren Fällen) bzw. Einbau eines neuen Kontaktsatzes.

Bei späteren Modellen ist der Unterbrecherkontaktsatz als einteiliger Satz mit einer einzelnen Schraube auf der Verteilergrundplatte montiert, bei älteren Baujahren bestehen die Unterbrecherkontakte aus einem Fest- und einem beweglichen Kontakt (Kontakthebel), die jeweils mit eigenen Schrauben befestigt werden. Am beweglichen Kontakt sind zusätzliche Isolierscheiben vorhanden, deren Einbaulage genau zu beachten ist, damit der Kontakt nach dem Einbau keinen Masseschluss bekommt. Deshalb sollten wir bei diesen älteren Ausführungen die Reihenfolge sämtlicher Einzelteile notieren, damit sie hinterher wieder richtig eingebaut werden können.

Früher war es gängige Praxis, leichtes Pitting an den Kontaktflächen mit einer Kontaktfeile zu beseitigen, derartige Glättversuche sind heutzutage allerdings überholt, denn die Feil- oder Kratzversuche verschlimmbessern den Kontaktzustand lediglich. Unterbrecherkontakte sind Verschleißteile und werden im Zweifelsfall einfach erneuert. Übermäßige Höcker- und Kraterbildung an den Kontakten (die so genannte „Kontaktwanderung") deutet oft auf einen schwächelnden Kondensator hin. Auch in diesem Fall wechseln wir die Kontakte gleich mit aus. Beim Einbau darf die Schraube am Festkontakt nur so fest angezogen werden, dass der Kontakt auf der Grundplatte gerade noch bewegt werden kann. Die Grundplatte weist zwei winzige Noppen auf, der Festkontakt an seinem Ende einen Ausschnitt. Die Noppen sollen als Widerlager für die eine Seite der Schraubendreherklinge dienen, wenn die andere Seite der Klinge in den Ausschnitt des Festkontakts eingreift und damit die Feineinstellung des Kontaktabstands vorgenommen werden kann. Das 0,40-mm-Fühlerlehrenblatt sollte stramm, aber ohne zu klemmen, zwischen den Kontakten durchgleiten. Sobald die Einstellung stimmt, ziehen wir die Feststellschraube an und halten dabei die Festkontaktplatte mit einem zweiten Schraubendreher in seiner Stellung.

## EINSTELLUNG DES STATISCHEN ZÜND-ZEITPUNKTS (ABB. 2.19)

Im Laufe der langen Bauzeit des Typ-1-Motors kam eine Vielzahl unterschiedlicher Zündverteiler zum Einbau, die sich häufig auch in ihren Verstellkennlinien unterschieden. Daher änderten sich auch die Einstellmarkierungen am Motor. Der am häufigsten verwendete Zündzeitpunkt liegt bei 7,5° vor dem oberen Totpunkt (vor OT), diverse ältere Baujahre – von 1960 bis August 1965 – zündeten bei 10° vor OT. Bei späteren Motoren lag der Zündzeitpunkt sogar im OT oder gar 5° nach OT, allerdings galten diese Zündzeitpunkte überwiegend für die nach und nach immer drastischer abgasentgifteten US-Exportversionen.

Eine individuelle Anpassung des Zündzeitpunktes wurde vor allem dann erforderlich, wenn der Verteiler eines anderen Motorbaumusters montiert oder der verschlissene Originalverteiler durch einen Verteiler mit reiner Fliehkraftverstellung (z. B. aus der Bosch-Reihe 009 mit dem „klassischen" Zündzeitpunkt 7,5° vor OT) ersetzt wurde. Die für die Zündeinstellung maßgebliche Zündzeitpunktmarke richtet sich also immer nach dem montierten Verteiler.

Findige Schrauber haben Alu-Kurbelwellenriemenscheiben nachgerüstet, die (ähnlich wie bei Gradscheiben) Gradmarkierungen über den gesamten Umfang tragen. Damit lässt sich die Gesamtfrühverstellung bei höheren Drehzahlen mit dem Stroboskop leichter überprüfen. Der Gesamtverstellwinkel im oberen Drehzahlbereich sollte nicht mehr als 28° vor OT betragen.

Auf den originalen VW-Riemenscheiben ist eine Vertiefung für den oberen Totpunkt, rechts davon eine einzelne Kerbe für 7,5° vor OT vorhanden. Wenn rechts von der OT-Marke zwei Kerben liegen, gilt die linke für 7,5° vor OT, die rechte für 10° vor OT. Eine Kerbe links vom OT bezeichnet 5° nach OT.

Benötigte Werkzeuge:

- 3/8"-Stecknuss oder Ringschüssel SW 10
- Zündprüflampe (mit Glühlampe, Lampenfassung und Anschlusskabel)
- Ringschlüssel SW 30

*Abb. 2.19 Wenn der Kolben in Zylinder 1 im OT steht, muss der Verteilerläufer auf die Kerbmarkierung am Verteilergehäuse zeigen.*

Zur Einstellung des statischen Zündzeitpunkts muss der Motor kalt sein (am besten, nachdem er über Nacht abkühlen konnte)

1. Bei abgenommener Verteilerkappe den Motor mit dem 30er Ringschlüssel an der Schraube der Kurbelwellenriemenscheibe drehen, bis der Verteilerläufer auf den Markierungsstrich am Verteilergehäuse zeigt. Diese Marke gehört zum 1. Zylinder. Die entsprechende Kerbmarkierung (für die Einstellung des statischen Zündzeitpunkts) an der Kurbelwellenriemenscheibe muss jetzt mit der Trennfuge zwischen den beiden Kurbelgehäusehälften fluchten. Diese Kerbmarke auf der Kurbelwellenriemenscheibe dient jedoch auch für die Zündeinstellung des 3. Zylinders, deshalb müssen wir uns vergewissern, dass der Verteilerläufer auf die Strichmarke am Verteilergehäuse zeigt. Nur dann haben wir wirklich den Zündzeitpunkt des 1. Zylinders erwischt.
2. Prüflampe an Zündspulenklemme 1 anschließen. Als Prüflampe genügt eine Glühlampe in ihrer Fassung mit zusätzlichem Anschlusskabel und Kabelsteckschuh. Die Masseverbindung zum Kurbelgehäuse wird mit der Lampenfassung oder einem zweiten Anschlusskabel an der Prüflampe hergestellt.
3. Mutter der Klemmschraube am Fuß des Verteilers (mit einem 10er Schlüssel) soweit lösen, dass sich der Verteiler gerade eben in seinem Sitz drehen lässt.
4. Zündung einschalten und Verteilergehäuse langsam im Uhrzeigersinn beziehungsweise so weit drehen, bis die Prüflampe aufleuchtet, sobald der Unterbrecher auf den Verteilernocken aufläuft. Damit wird etwaiges Spiel in der Verteilerwelle herausgedrückt. Dann den Verteiler ganz langsam entgegen dem Uhrzeigersinn drehen, bis die Prüflampe für Zylinder 1

aufleuchtet. Danach die Mutter der Klemmschraube wieder festziehen. Wenn wir den Verteiler mit dem nötigen Feingefühl gedreht haben, müsste der Zündzeitpunkt jetzt stimmen.

5. Motor im Uhrzeigersinn einen kompletten Zündzyklus weiterdrehen und prüfen, ob die Prüflampe abermals aufleuchtet, sobald die Zündeinstellmarke für Zylinder 1 mit der Trennfuge am Kurbelgehäuse fluchtet. Wenn nicht, Schritt 3 und 4 wiederholen.

Viele Käferfahrer haben eine elektronische Zündanlage (z. B. von Pertronix) nachgerüstet. Diese bietet den Vorteil, dass sie praktisch wartungsfrei ist und sich Motorlauf und Anspringverhalten oft spürbar verbessern.

## DIE ZÜNDKERZEN (ABB. 2.20–2.21)

Benötigte Werkzeuge:

- Rohrsteckschlüssel aus dem Bordwerkzeug oder handelsüblicher Zündkerzenschlüssel mit Knarre
- Gelenkzwischenstück für den Steckschlüssel
- Fühlerlehrensatz
- Kleine Messingdrahtbürste

*Abb. 2.20 Der Elektrodenabstand der Zündkerzen wird auf 0,70 mm eingestellt.*

*Abb. 2.21 Der Dichtring um die Zündkerze muss stramm in der Zylinderverblechung sitzen.*

1. Motor kurz warmlaufen lassen (aber nicht bis zur vollen Betriebstemperatur), bevor die Kerzen herausgedreht werden. Dadurch lassen sich die Zündkerzen leichter herausdrehen und auch die Gefahr von Beschädigungen der Kerzengewinde wird gemindert. Wenn doch einmal ein Kerzengewinde ausreißt, bleibt nichts anderes übrig, als den Motor auszubauen, den Zylinderkopf zu demontieren und von einem Fachmann einen Gewindeeinsatz (z. B. von Helicoil) einbauen zu lassen.
2. Mit der Messingbürste Kohle- und Rußablagerungen an den ausgebauten Zündkerzen entfernen, bevor der Elektrodenabstand geprüft wird. Kerzen erneuern, wenn die Elektroden übermäßigen Abbrand zeigen. Elektrodenabstand auf 0,7 mm einstellen.

   Tipp für Fahrzeuge, die auch im Alltag bewegt werden: Elektrodenabstand im Herbst auf 0,6 mm einstellen. Dies verbessert das Anspringverhalten bei Kälte und die Kerzen geben bis zum nächsten Frühjahr Ruhe.
3. Zustand der Gummidichtringe um die Kerzenstecker prüfen und rissige Dichtringe erneuern. Die Dichtringe müssen stramm an der Zylinderverkleidung anliegen, damit an dieser neuralgischen Stelle keine Kühlluft entweichen kann.
4. Zustand der Zündkerzenkabel kontrollieren. Sehr aufschlussreich ist, den Motorbereich um die Kerzenkabel im Dunkeln bei laufendem Motor zu beobachten. Kriechströme, die sich als Lichtfunken ihren Weg zur Masse suchen, sind dann sofort zu erkennen. Im Zweifelsfall gleich neue Kerzenkabel montieren. Auch die Zündspule und den Verteilerdeckel kontrollieren wir auf entsprechende Kriechspuren.
5. Zuletzt noch prüfen, ob die Kerzenstecker fest und spielfrei auf den Kerzenkabeln aufgeschraubt sind.

*Abb. 2.22 Der Leerweg am Kupplungspedal muss zwischen 10 und 20 mm betragen.*

## KUPPLUNGSSPIEL (ABB. 2.22–2.24)

Benötigte Werkzeuge:

- Ringschlüssel SW 10
- Gabelschlüssel SW 14
- Gripzange oder ähnliches Haltewerkzeug
- Unterstellböcke oder Auffahrrampen

*Abb. 2.23 Bei abgenommener Karosserie ist an diesem Modell bis April 1965 die Kupplungseinstellvorrichtung besonders gut zu erkennen. Die größere Mutter ist die Nachstellmutter, die kleinere die Gegenmutter.*

*Abb. 2.24 Bei den späteren Modellen ist die Einstellung des Kupplungsspiels noch einfacher. Die Flügelmutter rastet jede halbe Umdrehung in eine Aussparung am Kupplungshebel ein. Die Kontermutter ist somit entbehrlich. Allerdings ist die Flügelmutter oft sehr schwergängig, sofern sie vor dem Nachstellen nicht mit reichlich Rostlöser behandelt wird.*

Die Einstellung des Kupplungsspiels gehört zwar streng genommen nicht zu den Motorarbeiten, Nachlässigkeit kann sich hier aber besonders böse rächen, denn zum Kupplungstausch muss der Motor ausgebaut werden.

Der am Kupplungspedal gemessene Leerweg beim Tritt auf das Kupplungspedal muss 10 bis 20 mm betragen. Erst danach darf deutlicherer Pedalwiderstand spürbar sein. Bei weniger als 10 mm Leerweg verschleißt der Reibbelag der Kupplungsscheibe rascher, bei mehr als 20 mm Leerweg lassen sich die Gänge nur mit hörbarem Knirschen schalten.

Der Kupplungsseilzug wird am Ausrückhebel auf der linken Getriebeseite eingestellt. Dieser Bereich unter dem Fahrzeug ist nur mit Mühe zu erreichen. Am leichtesten geht das Nachstellen, wenn uns eine Hebebühne zur Verfügung steht, aber auch am angehobenen Fahrzeug, das auf Unterstellböcken oder auf einer Auffahrrampe steht, lassen sich die Arbeiten durchführen.

An den Modellen bis April 1965 wird die Einstellung am Kupplungsseil an einer großen Nachstellmutter vorgenommen, deren Position durch eine kleinere Gegenmutter fixiert wird. Diese Ausführung ist an dem gebogenen Ausrückhebel zu erkennen.

Ab April 1965 erhielt der Käfer einen neuen, geraden Ausrückhebel, an dem das Kupplungsspiel durch Drehen einer großen Flügelmutter in Schritten von je einer halben Umdrehung eingestellt werden kann. Die Anlageflächen der Einstellmutter und der entsprechenden Aussparung im Ausrückhebel sind länglich gestaltet, so dass die Flügelmutter jede halbe Umdrehung am Ausrückhebel sicher einrastet.

Vor der Einstellung des Kupplungsspiels muss das Kupplungsseil rund um die Einsteller auf Aufspleißen oder gebrochene Einzeldrähte kontrolliert werden.

1. Am angehobenen Fahrzeug (das auf Unterstellböcken oder einer Auffahrrampe steht und gegen Wegrollen gesichert ist) eine Gripzange an der Einstellstange vor dem Kupplungshebel anklemmen, damit sich der Seilzug nicht mitdrehen kann.
2. Bei Fahrzeugen bis 1965 die Gegenmutter (SW 10) lösen und die größere Nachstellmutter (SW 14) drehen, bis das korrekte Spiel erreicht ist. Nachstellmutter gegen den Uhrzeigersinn drehen, um das Spiel zu vergrößern, und im Uhrzeigersinn drehen, um das Spiel zu verkleinern.
3. Bei Fahrzeugen ab 1965 die Flügelmutter schrittweise um je eine halbe Umdrehung in der gewünschten Richtung drehen. Die Flügelmutter rastet spürbar in

eine Aussparung in der Anlagefläche ein und kann sich nun nicht mehr weiter verdrehen. Hierfür existiert ein VW-Spezialwerkzeug, mit dem die Flügelmutter gegriffen wird und leichter gedreht werden kann.

4. Sobald die Einstellung in Ordnung ist (Leerweg ca. 13 mm am Kupplungspedal), kontern wir bei den älteren Modellen die kleinere Gegenmutter gegen die Nachstellmutter.
5. Zum Schluss die Gripzange vom Einsteller abnehmen und das Fahrzeug ablassen.

## VENTILSPIEL EINSTELLEN (ABB. 2.25–2.29)

Bei zu großem Ventilspiel sind die Ventile besonders geräuschvoll (und klicken oder klappern hörbar) und der Motor verliert Leistung. Ist das Ventilspiel jedoch zu klein, können Ventil oder Ventilsitz verbrennen und müssen dann erneuert werden. Im Zweifelsfall ist aber ein geringfügig zu großes Ventilspiel besser als ein zu geringes Spiel.

Benötigte Werkzeuge:

- Großer Schlitzschraubendreher
- Mittelgroßer Schlitzschraubendreher
- Ringschlüssel für die Einstell-Kontermutter in der passenden Schlüsselweite (bitte keine aufgeweiteten, abgenutzten Schlüssel verwenden! Gerade hier muss der Schraubenschlüssel exakt auf der Gegenmutter sitzen)
- Fühlerlehrensatz
- Ringschlüssel SW 30

Einstelldaten:

- 30-PS-Motoren: Einlass und Auslass 0,10 mm. Spiel aber besser auf 0,15 mm einstellen (siehe unten).
- 34-PS-Motoren bis Dezember 1963: Einlass 0,20 mm und Auslass 0,30 mm. Oft wurden die Motoren dieser Baujahre aber durch spätere Motoren ersetzt, die das später gültige Ventilspiel von 0,15 mm erhalten müssen.
- 34-PS-Motoren ab Dezember 1963 und alle weiteren Motoren: Einlass und Auslass 0.10 mm. Ab August 1970 wurde das vorgeschriebene Ventilspiel nach der Einführung der Doppelkanal-1300er und des 1302 auf 0,15 mm vergrößert. Dieser Einstellwert wurde bald auch für alle anderen Motoren übernommen, für die bisher 0,10 mm vorgeschrieben waren.

Das Ventilspiel kann zwar auch bei auf dem Boden stehendem Wagen (recht und schlecht) eingestellt werden, besser geht es jedoch bei angehobenem Fahrzeug.

1. Fahrzeug anheben und auf Unterstellböcke oder eine Auffahrrampe stellen und gegen Wegrollen sichern.
2. Mit dem großen Schraubendreher die Spannbügel der Ventildeckel nach unten abhebeln und die Ventildeckel abnehmen. Vorsicht: Aus den Ventilkammern kann jetzt etwas Öl auslaufen.
3. Prüfen, ob die Kipphebelmuttern fest sitzen (Anzugsmoment 25 Nm).
4. Bei abgenommenem Verteilerdeckel den Motor mit dem Schlüssel SW 30 an der Halteschraube der

*Abb. 2.25 Spannbügel der Ventildeckel mit einem Schraubendreher nach unten abhebeln.*

*Abb. 2.26 Motor drehen, bis Zylinder 1 im OT steht. Der Verteilerläufer muss dabei auf die Markierung am Verteilergehäuse zeigen.*

Kurbelwellenriemenscheibe drehen, bis der Verteilerläufer auf den Markierungsstrich am Verteilergehäuse zeigt und die OT-Marke auf der Kurbelwellenriemenscheibe mit der Trennfuge zwischen den beiden Kurbelgehäusehälften fluchtet.

5. Die beiden Ventile des 1. Zylinders (vorne rechts) können jetzt eingestellt werden. Die Fühlerlehre in der entsprechenden Stärke zwischen Ventilschaft und Anlagefläche der Einstellschraube durchschieben.
6. Wenn das Ventilspiel nachgestellt werden muss, lösen wir die Kontermutter (SW13 bzw. 14 – je nach Baujahr) an der Einstellschraube am Kipphebel und drehen die Schraube, bis sich das Fühlerlehrenblatt saugend, aber nicht zu stramm zwischen Schraubenspitze und Ventilschaft durchschieben lässt. Stimmt die Einstellung, halten wir die Schraube mit dem Schraubendreher in ihrer Stellung und ziehen die Gegenmutter fest. Spiel nochmals mit der Fühlerlehre kontrollieren und mit dem nächsten Ventil weitermachen.
7. Wenn das Spiel an beiden Ventilen des 1. Zylinders in Ordnung ist, drehen wir den Motor entgegen dem Uhrzeigersinn um 180° (eine halbe Umdre-

*Abb. 2.27 Mit einer Kombination aus Schraubendreher, Ringschlüssel und Fühlerlehre wird das Ventilspiel an den beiden Ventilen des Zylinders eingestellt. Für die meisten Motoren gilt ein Einstellwert von 0,15 mm.*

*Abb. 2.28 Die OT-Stellung kann an der Riemenscheibe mit einer provisorischen Markierung angezeichnet werden. Zur Einstellung der Ventile von Zylinder 2 drehen wir den Motor um 180° entgegen dem Uhrzeigersinn weiter. Die weiteren Zylinder werden eingestellt, indem wir den Motor nochmals um je 180° weiterdrehen.*

*Abb. 2.29 Die Korkdichtung muss passgenau im Ventildeckel sitzen. Deckel auf den Zylinderkopf aufsetzen und den Spannbügel hochhebeln, bis er in die Nut auf dem Ventildeckel einrastet.*

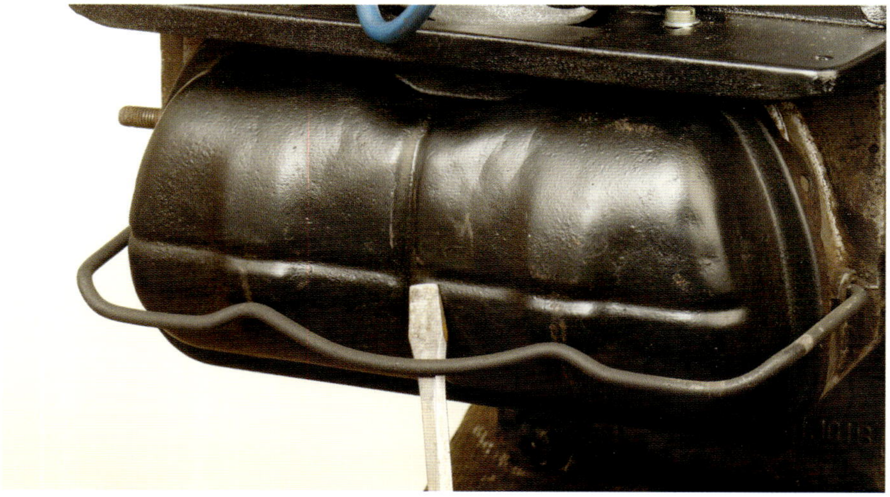

hung) weiter, bis die OT-Marke der Riemenscheibe nach unten zeigt. Mithilfe einer provisorischen Markierung oder einem Aufkleber an der Außenfläche der Kurbelwellenriemenscheibe können wir die richtige Stellung kennzeichnen, in der Zylinder 2 und 4 im OT stehen. Jetzt können die Ventile von Zylinder 2 (rechts hinten) kontrolliert und eingestellt werden.

8. Motor um 180° entgegen dem Uhrzeigersinn weiterdrehen, bis die OT-Marke oben an der Riemenscheibe steht. Nun können wir das Ventilspiel an Zylinder 3 (vorne links) kontrollieren und einstellen.
9. Motor nochmals um 180° gegen den Uhrzeigersinn weiterdrehen und das Ventilspiel an Zylinder 4 kontrollieren und einstellen.
10. Korkdichtungen der Ventildeckel erneuern und die Ventildeckel wieder aufsetzen. Dann den Spannbügel mit dem großen Schraubendreher nach oben in seine Einbaulage hebeln, bis er mit hörbarem Klick in die Nut auf der Deckeloberseite einrastet.
11. Motor anlassen und horchen, ob irgendwo ein deutlich klickendes Ventil zu hören ist (was auf zu großes Ventilspiel hindeutet). Bevor es auf die Straße geht, prüfen wir die Ventildeckel auf Öllecks.

## ÖLFILTER

Im 1600-ccm-CT-Motor des T3, im Mexikokäfer mit Einspritzanlage sowie in sämtlichen Modellen mit Typ-4-Motor mit 1700, 1800 und 2000 ccm ist zusätzlich eine Ölfilterpatrone vorhanden. Diese Motoren kamen im VW 411 und 412, in den Typ-2-Modellen mit 1700-, 1800- und 2000-ccm-Aggregaten, im brasilianischen SP2 sowie im VW-Porsche 914/4 zum Einbau.

Die Ölfüllmenge aller Typ-1-Motoren beträgt 2,5 Liter, ausgenommen der flacher bauende CT-Motor des T3 sowie die Mexikokäfer mit Einspritzanlage und Ölfilterpatrone, die eine Ölfüllung von 3 Litern erhalten.

Die Ölfüllmenge aller Modelle mit Typ-4-Motor beträgt 3,5 l (wenn beim Ölwechsel auch der Ölfilter gewechselt wird).

Die Ölfilterpatrone muss mit einem passenden Ölfilterschlüssel gelöst werden. Besonders verbreitet sind ein kettenförmiger Schlüssel sowie eine Ausführung, die den Filter umschließt und mit einem Steckschlüssel mit ½"-Antrieb betätigt wird. Beim Einbau wird der Dichtring an der Filterpatrone dünn mit Motoröl bestrichen und anschließend die Patrone handfest (ohne Werkzeug) festgedreht.

Das Ölsieb des Typ 4 ist anders als bei den übrigen Motoren dieser Baureihe aufgebaut. In der Mitte des Siebdeckels sitzt eine einzelne 8-mm-Schraube. Es passiert nur zu leicht, dass das Gewinde dieser Schraube überdreht wird und ausreißt. Sie darf daher nur mit 13 Nm angezogen werden. Die Ölablassschraube ist separat vom Ölsieb angeordnet und wird mit 22 Nm festgezogen.

KAPITEL 3

# MOTOR AUSBAUEN

Die Motorreparaturen, die nicht in Kapitel 2 beschrieben wurden, lassen sich am ausgebauten Motor wesentlich leichter durchführen.

Die Anleitung in diesem Kapitel gilt für die Motoren des Typ 1 (für Käfer, Karmann Ghia, Typ 181, Fridolin-Postlieferwagen), des Typ 3 sowie des Typ 2 bis zum Ende der Bauzeit des T2 im Jahr 1979.

Benötigte Werkzeuge:

- Hydraulischer Rangierwagenheber
- Unterstellböcke
- Massive Holzunterlagen (ca. 45 cm lange Holzklötze sind ideal)
- Ringschlüsselsatz SW 8 bis 22
- Mittelgroßer Schlitzschraubendreher
- Kombizange oder Wasserpumpenzange
- Klammer zum Abklemmen von Schlauchleitungen
- Ein williger Helfer

Der Typ-1-Motor ist zwar im Vergleich zu vielen Pkw- oder Lieferwagenmotoren relativ leicht, aber immerhin so schwer, dass er schmerzhafte Verletzungen verursachen kann, wenn es beim Anheben, Ablassen oder Transport an der nötigen Vorsicht fehlt – insbesondere beim Motoraus- und -einbau, denn hier muss der Motor in voller Arbeitshöhe auf dem Teller des Rangierwagenhebers balanciert werden. Wer beim Ausbau nicht an einer Hebebühne arbeiten kann, muss das Wagenheck soweit anheben, dass Motor und Wagenheber unter dem Heckabschlussblech und der Heckstoßstange herausgefahren werden können.

Die folgenden Arbeitsanleitungen gelten in erster Linie für den Typ 1 (Käfer und Karmann Ghia Typ 14). Besonderheiten beim Typ 2 und Typ 3 sind in den jeweiligen Kästen beschrieben.

## FAHRZEUG ANHEBEN (ABB. 3.1–3.2)

Die folgende Hebemethode darf nur angewandt werden, wenn das Fahrzeug auf einer festen, ebenen Fläche steht. Wir heben ja das Fahrzeugheck an, also hilft es nicht, den Wagen durch Einlegen eines Gangs und Anziehen der Handbremse gegen Wegrollen sichern zu wollen. Das am Heck angehobene Fahrzeug muss immer mit Unterstellböcken (unter den Drehstabrohren) unterbaut werden. Bevor wir den Wagen hochbocken, schieben wir vor den Vorderrädern Unterlegkeile unter. Damit kann der Wagen beim Anheben etwas nach hinten rollen, kann aber nicht nach vorne wegrollen. Sobald der Wagen kippsicher auf den Unterstellböcken unter den Drehstabrohren ruht, können wir die Hinterräder abnehmen. Die Fahrzeugunterseite ist jetzt wesentlich besser zugänglich. Nicht vergessen – beim Motorausbau kommt man oft nicht umhin, in die eine oder andere Richtung zu drücken und zu ziehen, so dass das ganze Fahrzeug ins Wanken geraten kann. Deshalb müssen die Unterstellböcke absolut kippsicher stehen. Ziegel- oder Hohlblocksteine oder Holzklötze taugen keinesfalls zum Unterbauen – sie können plötzlich nachgeben, was für den, der dann gerade unter dem Fahrzeug liegt, lebensgefährliche Folgen haben kann.

Als zusätzliche Sicherheitsmaßnahme empfiehlt es sich, stabile Holzklötze oder die zuvor ausgebauten Räder unter die Wagenheberaufnahmen zu legen – nur für den Fall, dass die Unterstellböcke doch nachgeben.

1. Vor dem Motorausbau das Batteriemassekabel abklemmen. Bequemer geht der Motorausbau, wenn auch die Motorhaube abgebaut wird.
2. Fahrzeug soweit anheben, dass genug Freiraum für die Arbeiten an der Fahrzeugunterseite bleibt und der Motor auf dem Rangierwagenheber unter dem Heckabschlussblech hervorgezogen werden kann.

   Wir heben den Wagen zuerst auf der einen Seite ein Stück weit an und stellen den Unterstellbock

*Abb. 3.1 Wenn der Wagen an den Drehstabrohren auf Unterstellböcken steht, müsste das Heck soweit angehoben sein, dass der Motor unter dem Heckabschlussblech hervorgezogen werden kann.*

unter das Drehstabrohr und wiederholen dann das Ganze auf der anderen Fahrzeugseite

Dabei das Fahrzeug abwechselnd links und rechts weiter anheben und die Unterstellböcke schrittweise höherstellen. Wer den Wagen auf einer Seite zu weit anhebt, riskiert, dass er auf der anderen Seite ins Kippen kommt und vom Unterstellbock abrutscht. Sobald das Heck so hoch steht, dass der Motor auf dem Rangierwagenheber herausgefahren werden kann, kontrollieren wir die Unterlegkeile vor den Vorderrädern und schieben bei Bedarf auch Keile hinter die Vorderräder.

3. Wenn der Motor nach dem Ausbau zerlegt werden soll, lassen wir bereits jetzt das Motoröl ab.

## LEITUNGEN UND SCHLÄUCHE LÖSEN (ABB. 3.3–3.8)

4. Unter der linken Motorseite den Heizungs-Wellschlauch vom linken Heizungswärmetauscher abziehen.

   Dann den Benzinschlauch abklemmen und verschließen, nachdem er von der Benzinleitung ab-

*Abb. 3.2 Wir heben den Wagen links und rechts abwechselnd in kleinen Schritten an, damit er nicht kippt. Die Vorderräder werden mit Keilen gegen Wegrollen gesichert, bevor der Motor von der Getriebeeingangswelle weggezogen wird.*

*Abb. 3.3 Unter dem Wagen die Kunststoff-Heizungsschläuche von den Wärmetauschern abziehen.*

*Abb. 3.4 Unter dem Wagen den Benzinschlauch abklemmen und von der Benzinleitung an der Motorvorderseite abziehen. Schlauch dicht verschließen und Verschlussklammer wieder abziehen. Beim Typ 2 muss die Benzinleitung grundsätzlich abgeklemmt werden, da der Benzintank über dem Motor sitzt.*

*Abb. 3.6 Die hinteren unteren Luftleitbleche rechts vom Motor ausbauen; die 13er Schraube am Thermostat lösen und den Thermostat vom Thermostathalter abschrauben.*

gezogen wurde, die aus der vorderen Motorverblechung herausführt.

5. Den Wellschlauch vom rechten Heizungswärmetauscher abziehen. Wenn der Motor komplett zerlegt werden soll, empfiehlt es sich, jetzt auch gleich den Thermostat auszubauen. Mit dem Schlitzschraubendreher die Schrauben der unteren Luftleitbleche zwischen Wärmetauschern und Kurbelgehäuse lösen.
6. Das untere, rechts hinten sitzende Leitblech ausbauen; die 13er Schraube an der Thermostatunterseite lösen und den Thermostat von der Betätigungsstange abschrauben und vom Halter trennen.
7. Die 13er Schraube abschrauben und den Thermostathalter abnehmen. Jetzt sollten auch gleich die Schrauben losgedreht werden, mit denen die Wärmetauscher-Verkleidungsbleche am Kurbelgehäuse befestigt sind.
8. Die Schellen der Heizklappen an den Wärmetauscher-Betätigungshebeln von den zugehörigen Heizungszügen lösen.

*Abb. 3.5 Unter dem Wagen die Befestigungsschrauben der Wärmetauscher an den unteren Luftleitblechen entfernen.*

*Abb. 3.7 Die Befestigungsschrauben der unteren Luftleitbleche am Kurbelgehäuse lösen.*

*Abb. 3.8 Beide Wärmetauscher-Betätigungszüge lösen.*

# ARBEITEN IM MOTORRAUM (ABB. 3.9–3.26)

9. Bei allen Motoren ab August 1964 zuerst die Wellschläuche zwischen Kühlgebläsegehäuse und hinterer Motorverblechung lösen und ausbauen und dann mit einer Zange die hervorstehenden Metallrohre von den Wärmetauscherbirnen am Auspuff abziehen.
10. Die Schrauben an den Abdeckblechen für die Vergaservorwärmung herausdrehen.
11. Warmluftzuleitung(en) am Luftfilter lösen.

*Abb. 3.9 Bei allen Motoren ab August 1964 die Wellschläuche zwischen Gebläsegehäuse und Motorverblechung abziehen und die kurzen Metallrohre aus den Auspuff-Vorwärmbirnen herausziehen.*

*Abb. 3.10 Bei Motoren ab 1963 die kurzen Metallrohre aus den Auspuff-Vorwärmbirnen herausziehen.*

*Abb. 3.11 Die Verkleidungsbleche um die Vergaservorwärmleitungen ausbauen.*

*Abb. 3.12 Die Warmluftleitung(en) am Luftfilter lösen.*

*Abb. 3.13* Das Abdeckblech an der Kurbelwellenriemenscheibe ausbauen.

*Abb. 3.14* Die Schrauben an der hinteren Verblechung herausdrehen und das Abdeckblech aus dem Motorraum herausheben.

*Abb. 3.15* Die Halteschelle des Luftfilters am Vergaser lösen und die Halteschraube des Luftfilterträgers an der Haltestrebe herausdrehen.

*Abb. 3.16* Ab Modelljahr 1968 besaß der Käfer eine thermostatgeregelte Vergaservorwärmung, die über einen Seilzug an einem Hebel am Gebläsegehäuse betätigt wird.

*Abb. 3.17* Alle Kabel und Kabelschuhe mit einem Etikett versehen und kennzeichnen, bevor sie von ihren Anschlussstellen am Motor gelöst werden. Kabelstrang zur Seite wegbinden, so dass er beim Motorausbau nicht im Weg ist.

12. Mit dem Schlitzschraubendreher alle Schrauben am Abdeckblech vor der Kurbelwellenriemenscheibe und der hinteren Motorverkleidung lösen und die Bleche aus dem Motorraum herausheben.
13. Die Schraube am Fuß des Luftfilters lösen und die Schraube am Filterträger (sofern vorhanden) herausdrehen. Luftfilter vom Vergaser abheben und Vergaserlufttrichter mit einem Kunststoffbeutel o.ä. verschließen. Einbaulage der Unterdruckschläuche (falls vorhanden) für den Wiedereinbau kennzeichnen. Bestimmte Modelle der späten 1960er Jahre sind mit einer seilzugbetätigten Klappe am Thermostatgestänge ausgerüstet. Der Seilzug wird am Hebel der Luftfilterklappe gelöst und die Kabelhülle wird abgezogen, nachdem die Halteschraube losgedreht wurde.
14. Alle Kabelschuhe an den Kabelenden am Motor kennzeichnen (z. B. mit Abklebeband), damit beim Wiederanschluss sofort klar ist, welches Kabel wo hingehört. Dann die Kabelstecker abziehen und den Kabelstrang wegbinden. Der Kabelstrang enthält die Kabelanschlüsse am Öldruckgeber links am Motor (direkt über der Motorverblechung), an der Startautomatik und am Umluftabschaltventil (sofern je nach Baujahr vorhanden) sowie sämtliche Anschlüsse an der Lichtmaschine, am Spannungsregler und an der Zündspule.
15. Gaszug am Vergaser lösen und Führungsrohr aus dem Kühlgebläsegehäuse herausziehen.

## DIE KÄFER MIT HALBAUTOMATIK

Bei Käfern und Karmann Ghia mit Halbautomatik muss der Unterdruckschlauch vom Kupplungsmagnetventil links oben im Motorraum abgezogen und seitlich weggebunden werden.

Außerdem müssen die Verschraubungen der Automatikgetriebe-(ATF)-Flüssigkeitsleitungen an der Doppelölpumpe gelöst werden.

Der Drehmomentwandler muss von der Mitnehmerscheibe am Motor getrennt werden, bevor die Muttern und Schrauben für die Motorbefestigung entfernt werden. Bei diesen Modellen ist statt des Schwungrades eine relativ dünne Mitnehmerscheibe eingebaut. Die vier Halteschrauben des Drehmomentwandlers an der Mitnehmerscheibe sind unter dem Fahrzeug durch eine seitliche Öffnung im Wandlergehäuse unmittelbar vor dem Motor zugänglich. Für die 8-mm-Köpfe der Halteschrauben sollte eine Sechskant-Stecknuss verwendet werden, andernfalls kann es passieren, dass die Schraubenköpfe rundgedreht werden und die Schrauben sich erst recht nicht mehr lösen lassen. Jede Schraube erst etwas losdrehen, damit sich die Mitnehmerscheibe nicht verzieht, und dann in mehreren Durchgängen vollends herausdrehen.

*Abb. 3.18 Bei Halbautomatik-Käfern muss die Unterdruckleitung am Kupplungsmagnetventil abgezogen werden.*

*Abb. 3.19 Leitungen für die ATF-Flüssigkeit lösen.*

*Abb. 3.20 Gaszug am Vergasergestänge lösen und aushängen.*

*Abb. 3.21 Gaszugführung durch das Gebläsegehäuse herausziehen.*

Bei 25- und 30-PS-Modellen den Starterzug am Vergaser aushängen. Bei den meisten Modellen kann der Seilzug anschließend durch das Gebläsegehäuse herausgezogen werden, manchmal ist es jedoch einfacher, damit zu warten, bis der Motor etwas nach hinten gezogen wurde, bevor er auf den Boden abgelassen wird.

16. Der Motor ist lediglich an vier Punkten mit dem Getriebe verbunden – zwei unten, zwei oben am Motorgehäuse. Die Befestigungsschrauben wurden im Laufe der Jahre mehrmals geändert. Bei Modellen, bei denen der Ölkühler an der linken Motorseite vor dem Kühllüftergehäuse sitzt, ist als linker oberer Befestigungspunkt eine Zugankerschraube vorhanden, die in eine Mutter im Kurbelgehäuse eingedreht wird. Sie ist von der Motorunterseite her zugänglich, allerdings ist der Ausbau nicht ganz einfach. Am besten geht es mit einer Stecknuss (SW17), einer langen Verlängerung und einer Knarre. Diese Schraube drehen wir zuerst heraus. Anschließend werden die beiden 17er Muttern an den unteren Motorverschraubungspunkten gelöst, die ebenfalls von unten zugänglich sind.
17. Zum Absenken des Motors sollte jetzt ein williger Helfer bereitstehen. Ideal ist außerdem ein Rangierwagenheber mit besonders großer Hubhöhe, auf dem der Motor in einem Zug bis zum Boden abgelassen werden kann. Den Rangierwagenheber setzen wir direkt unter dem Ölsiebverschlussdeckel an und legen erforderlichenfalls einen Holzklotz zum Schutz der Motorunterseite und zum Ausgleich von

*Abb. 3.22 Bei allen 25- und 30-PS-Modellen den Starterzug am Starterklappengestänge aushängen.*

*Abb. 3.23 Die Muttern der beiden unteren Motorbefestigungsschrauben abschrauben.*

Höhenunterschieden zwischen Wagenheberaufnahmeplatte und Motorunterseite unter.

Das ideale Motorgleichgewicht ist erreicht, wenn Wagenheber und Holzklotz genau mittig unter dem Ölsiebverschlussdeckel anliegen. Es gelingt nicht immer, den Motor gleich komplett auf den Boden abzulassen, wenn zuvor eine Holzunterlage zwischen Motor und Wagenheber untergelegt werden musste. In diesem Fall bietet es sich an, links und rechts auf Höhe der Wärmetauscher zwei große Holzklötze aufzustellen, auf denen der ausgebaute Motor aufliegen kann.

18. Die 17er Mutter der Motorbefestigungsschraube rechts oben vor dem Gebläsegehäuse abschrauben.
19. Die Getriebeeingangswelle kann leicht Schaden nehmen, wenn das gesamte Motorgewicht auf ihr lastet. Der Helfer stützt den Motor also am Kühlgebläsegehäuse ab, damit er nicht kippt, und nun wird der Motor nach hinten vom Getriebe weggezogen, bis die Ausrücklager-Anlauffläche der Druckplatte (bei älteren Modellen) bzw. die Ausrückhebel der späteren Kupplung von der Getriebeeingangswelle freikommen und die unteren Befestigungsstiftschrauben aus den Bohrungen im Getriebe herausgewandert sind. Der Motor lässt sich an der Auspuffanlage gut greifen, allerdings sollten wir uns zuvor vergewissern, dass die Endrohre bei der Serienauspuffanlage auch wirklich stabil sind. Dann den Motor vorsichtig absenken und dabei darauf achten, dass keine Fahrzeugteile oder die Gummidichtleiste beschädigt werden. Außerdem – falls nicht schon vorher geschehen – jetzt noch den Gaszug aus dem Gebläsegehäuse zurückziehen.
20. Sobald der Motor kippsicher auf den beiden Holzblöcken ruht, Wagenheber absenken und Holzunterlage unter dem Motor vom Wagenheber abnehmen. Motor mit dem Wagenheber unter dem Ölsiebdeckel wieder anheben, die beiden Holzblöcke unter den Wärmetauschern entfernen und den Motor auf den Boden absenken und unter dem Wagen hervorziehen.

*Abb. 3.24 Bevor der Motor auf den Boden abgesenkt wird, sollte er zuerst auf zwei massiven Holzbohlen aufgesetzt werden. Zuvor eingelegte Zwischenlagen zwischen Wagenheber und Motor können jetzt herausgenommen werden.*

*Abb. 3.25 Bei älteren Käfern der 1950er und 1960er Jahre werden laut Reparaturleitfaden zuerst die Muttern der beiden unteren Motorbefestigungsschrauben herausgedreht, dann die beiden oberen Muttern. Bei späteren Modellen, bei denen die Befestigungsschraube oben links in einer Gegenmutter im Kurbelgehäuse sitzt, sollte diese Schraube aber vor den Muttern der beiden unteren Befestigungsschrauben demontiert werden. Das Bild zeigt einen frühen Käfer.*

*Abb. 3.26 Motor absenken und unter dem Fahrzeug hervorziehen.*

## ZUSÄTZLICHE ARBEITEN AN TYP-2-BULLIS MIT TYP-1-MOTOR

Ältere Typ 2 – sowohl der T1 als auch der T2 bis August 1971 – besaßen ein demontierbares Heckabschlussblech, so dass der Motor beim Ausbau sogar bei auf dem Boden stehendem Wagen vom Getriebe weggezogen werden kann (vorausgesetzt, der Wagen wurde nicht tiefergelegt).

Angesichts der weltweiten Absatzmärkte war dieses Detail vor allem in Gegenden nützlich, in denen das Werkstattnetz äußerst dünn war. Ab August 1971 gab VW diese praktische Lösung allerdings zugunsten eines verschweißten Heckabschlussblechs auf.

Wer aber einen Typ 2 von vor August 1971 besitzt, braucht seinen Wagen nur auf Auffahrrampen oder ähnliche Hilfsrampen zu fahren.

Der Benzinschlauch muss unbedingt abgeklemmt werden, bevor er von der starren Benzinleitung am vorderen Verkleidungsblech abgezogen wird, denn beim Typ 2 sitzt der Benzintank bekanntlich höher als der Motor. Damit der Benzinschlauch keine bleibenden Schäden davonträgt, verschließt man das Schlauchende mit einem passenden 6-mm-Rundmaterial (eine M6-Schraube ist hierfür ideal) und zieht die Schlauchschelle fest an, bevor das Abklemmwerkzeug wieder geöffnet wird.

Bei Typ 2-Modellen vor August 1971 demontieren wir die Heckstoßstange und lösen die vier Halteschrauben des Heckabschlussblechs sowie die gesamte Verblechung am Heck.

Bei Modellen ab 1971 muss die Schaumstoffeinfassung um den Motor herausgenommen werden.

Dann den Luftfilter ausbauen, Vergaserlufttrichter mit Plastiktüte o.ä. gegen Schmutzeintritt schützen und die Einbaulage der Unterdruckschläuche (sofern vorhanden) kennzeichnen. Dies ist vor allem deshalb wichtig, weil bei falsch angeschlossenen Unterdruckschläuchen bei bestimmten Bullis der Benzintank unter der Wirkung des Ansaugunterdrucks undicht werden kann.

Beim Typ 2 der 2. Generation den zusätzlichen Träger an der Motorrückseite ausbauen. Frühe T2 mussten noch ohne Träger am hinteren Getriebeende auskommen, d. h. das Getriebe muss durch eine geeignete Hilfskonstruktion gesichert werden, damit es nicht absackt, wenn der Motor vom Getriebe weggezogen wird. Beim T2 ab Modelljahr 1972 ist ein zusätzlicher Querträger vorhanden, der das hintere Getriebeende von oben in seiner Einbaulage hält. Eine zusätzliche Abstützung des Getriebes ist dann beim Motorausbau nicht mehr erforderlich.

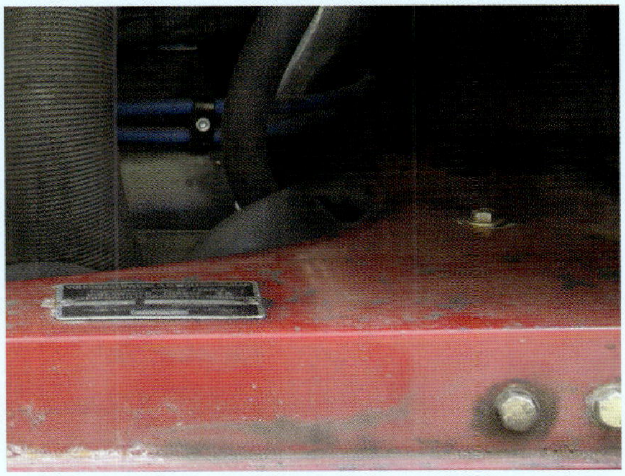

*Abb. 3.27 Beim Typ 2 aus der Bauzeit vor August 1971 war das Heckabschlussblech demontierbar. Der Motor kann hier vom Getriebe getrennt und unter dem Fahrzeug herausgezogen werden, ohne dass das Fahrzeugheck angehoben werden muss (sofern wir es nicht mit einem tiefergelegten Exemplar zu tun haben).*

*Abb. 3.28 Beim T2 ab 1971 wurde der Motorraum durch eine Schaumstoffeinfassung abgedichtet. Der Zustand dieses Dichtprofils muss regelmäßig überprüft werden, denn wenn sich der Schaumstoff zersetzt, kann er vom Kühlluftgebläse angesaugt werden und zum Überhitzen des Motors führen.*

*Abb. 3.29 Die im Typ 2 verbauten Typ-1-Motoren werden an ihrem hinteren Ende von einer Strebe an den Rahmenlängsträgern gehalten.*

## ZUSÄTZLICHE AUSBAUHINWEISE FÜR DEN TYP 3

Luftfilter ausbauen, Vergaserlufttrichter mit Plastiktüte o.ä. gegen Schmutzeintritt schützen und die Einbauposition der Unterdruckschläuche (sofern vorhanden) kennzeichnen.

Gaszug am Doppelvergasergestänge bzw. bei den Einspritzermodellen am Ansaugluftverteiler lösen. Den zusätzlichen Träger an der Motorrückseite abbauen. Der Motor des Typ 3 entspricht konstruktiv zwar im Prinzip dem Typ 1, besitzt aber ein flacheres Kühlgebläsegehäuse, das über eine Gummimanschette mit dem Ansauglufteintritt an der Karosserie verbunden ist. Die Gummimanschette kann nach Lösen der Halteschellen demontiert werden. Ölmessstab und Gummimuffe am Öleinfüllstutzen ausbauen.

Bei der Automatikversion muss der Drehmomentwandler von der Mitnehmerscheibe am Motor getrennt werden, bevor die Muttern und Schrauben für die Motorbefestigung entfernt werden. Bei diesen Modellen ist statt des Schwungrades eine relativ dünne Mitnehmerscheibe eingebaut. Die Halteschrauben des Drehmomentwandlers an der Mitnehmerscheibe sind unter dem Fahrzeug durch eine seitliche Öffnung im Wandlergehäuse unmittelbar vor dem Motor zugänglich. Die einzelnen Schrauben sollten zuerst nacheinander ein Stück weit losgedreht werden, damit die Mitnehmerscheibe sich nicht verziehen kann, und werden erst anschließend ganz herausgedreht.

Wer auf einer Hebebühne arbeitet, löst alle Befestigungspunkte am Motor, bevor der Motor bei hochgefahrener Hebebühne vom Getriebe getrennt wird. Dann die Hebebühne absenken, einen Rangierwagenheber unter dem Ölsiebdeckel ansetzen und den Motor zurückziehen, so dass er von der Getriebeeingangswelle freikommt. Motor absenken und Wagen auf der Hebebühne wieder anheben, damit der Motor unter dem Heckabschlussblech herausgefahren werden kann. Besitzer älterer Typ 2 können den Rangierwagenheber unter dem Motor ansetzen und den kompletten Motor vom Getriebe wegziehen und anschließend auf den Boden ablassen.

## TYP-4- ODER TYP-2A-MOTOREN (ABB. 3.30–3.34)

Dieser Abschnitt ist dem Motor des Typ 4 gewidmet, der in allen Typ-4-Modellen (411 und 412) und im Typ 2 ab August 1971 mit einer weiterentwickelten Version dieses Aggregats (sowie im T3 bis 1982) zum Einbau kam. Dieses Triebwerk fand sich außerdem in dem in Brasilien produzierten SP2 sowie im VW-Porsche 914/4 mit Mittelmotor. Die nachstehende Anleitung gilt in erster Linie für den T2. Zusätzliche Hinweise zu Besonderheiten des T3 und des Typ 4 (411 und 412) in der Limousinen- und Variant-Version sind in separaten Kästen zusammengefasst. Die benötigten Werkzeuge sind dieselben wie beim Typ-1-Motor (siehe Liste am Kapitelanfang).

Dieser Motor ist wesentlich massiver und daher deutlich schwerer als das Typ-1-Aggregat. Die Arbeitssicherheit ist bei Motorarbeiten also besonders wichtig, vor allem bei Hobbyschraubern, denn beim Aus- und Einbau des Motors muss der Motor auf der Hubplatte des Rangierwagenhebers balanciert werden. Wer beim Motorausbau keine Hebebühne nutzen kann, wird das Fahrzeugheck zwar nicht so weit wie beim Typ 1 anheben müssen, benötigt aber trotzdem ausreichenden Freiraum unter dem Auto, damit der Motor auf dem Rangierwagenherber unter dem Heckabschlussblech und der Heckstoßstange herausmanövriert werden kann.

1. Vor dem Motorausbau die Batteriekabel abklemmen. Wenn der Motor nach dem Ausbau zerlegt werden soll, lassen wir bereits jetzt das Motoröl ab.
2. Fahrzeug soweit anheben, dass wir unter dem Fahrzeug arbeiten können und der Motor auf dem Rangierwagenheber unter dem Heckabschlussblech hervorgezogen werden kann. Der Wagen muss bei diesen Arbeiten grundsätzlich auf Unterstellböcken stehen, die unter dem Drehstabrohr aufgestellt werden. Beim Anheben des Typ 2 heben wir das Fahrzeugheck zuerst auf der einen Seite ein Stück weit an und stellen den Unterstellbock unter das Drehstabrohr, dann wiederholen wir den Vorgang auf der anderen Seite. Dabei das Fahrzeug abwechselnd links und rechts weiter anheben und die Unterstellböcke schrittweise höherstellen. Wer den Wagen auf einer Seite zu weit anhebt, riskiert, dass der Wagen auf der anderen

Seite ins Kippen kommt und vom Unterstellbock abrutscht. Sobald das Heck so hoch steht, dass der Motor auf dem Rangierheber herausgefahren werden kann, kontrollieren wir nochmals die Unterlegkeile vor den Vorderrädern und schieben bei Bedarf auch hinter den Vorderrädern Keile unter.

3. Anschlussschläuche am Luftfilter lösen und Luftfilter herausnehmen.
4. Batterie abklemmen.
5. Alle Kabel und Kabelverbinder an den Motoranbauteilen kennzeichnen und abziehen, also an Lichtmaschine, Öldruckschalter, Zündanlage, Vergaser und Temperaturfühler.

   Kabel und Schläuche am Unterdruckversteller und Abschaltventil der Doppelvergasermotoren abziehen. Bei Einspritzmodellen den Kabelstrang an der Zündspule sowie die Anschlüsse an den Einspritzventilen und am Ansaugluftverteiler abziehen. In Spulennähe sitzt eine Leitungssicherung für den Rückfahrscheinwerfer. Auch diese Sicherung trennen wir vom Kabelstrang.
6. Luftschläuche am Heizgebläse abnehmen.
7. Zündspule abbauen. Anschlussschlauch und linken Schlauchverbinder vom linken Vergaser abnehmen.
8. Gaszug bei Zweivergasermotoren am Quergestänge oder bei Einspritzmodellen am Drosselklappenhebel lösen.
9. Schaumstoff-Motorraumdichtung und die seitlichen und hinteren Motorabdeckbleche ausbauen.

*Abb. 3.30 Schläuche am Heizgebläse lösen.*

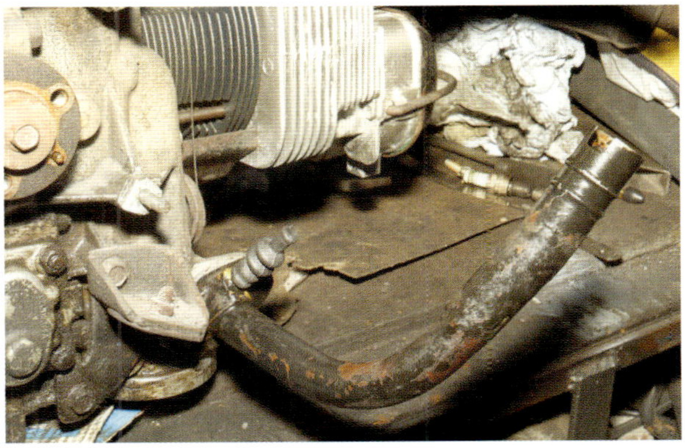

*Abb. 3.31 So sehen das Öleinfüllrohr und der Gummianschluss am Ölmessstabrohr der 1700-, 1800- und 2000-ccm-Motoren des Typ 4 aus. Das Ölmessstabrohr verläuft durch das Gebläsegehäuse.*

*Abb. 3.32 Die beiden Anschlussrohre für die Fahrzeugheizung.*

10. Bei den 1700-, 1800- und 2000-ccm-Motoren des Typ 4 Ölmessstab und Öleinfüllstutzen ausbauen und Gummischlauch am Fuß des Ölmessstabrohrs lösen.
11. Bei Automatikmodellen mit Typ-4-Motor mit 1700/1800/2000 ccm Hubraum den Messstab für die ATF-Flüssigkeit herausziehen und das Einfüllrohr ausbauen. Außerdem die Unterdruckleitung am Ansaugluftverteiler bzw. bei Doppelvergasermodellen am Ausgleichsrohr des Saugrohrs ausbauen.
12. Verschlussstück links oben am vorderen Motorgehäuse entfernen und die drei Verbindungsschrauben des Drehmomentwandlers an der Mitnehmerscheibe herausdrehen.
13. Seilzüge an den Seitenteilen der Wärmetauscher aushängen.

*Abb. 3.33 So sehen die in Abb. 3.32 gezeigten Rohre aus, die an den Heizungsrohren des Typ 2 angeschlossen sind.*

## ZUSÄTZLICHE ARBEITSGÄNGE BEIM TYP 4 – 411 UND 412 VARIANT

Beim Typ 4 Variant muss das Luftdurchtrittsblech über der Auspuffanlage ausgebaut werden, damit der Motor beim Ausbau nicht an der Karosserie hängenbleibt. Fahrzeug am Hinterachsträger (vor den Hinterachs-Dreieckslenkern) auf Unterstellböcke stellen.

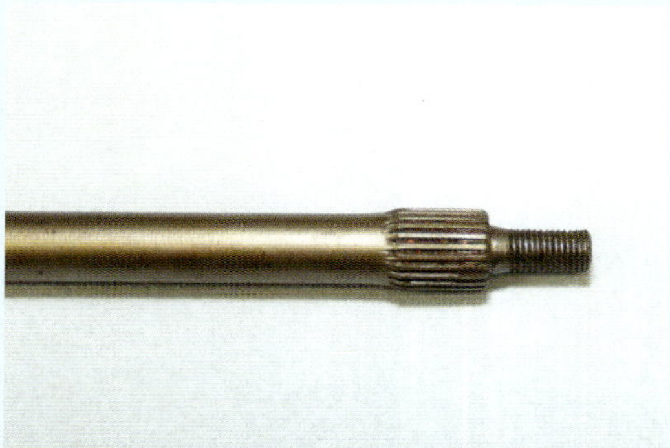

*Abb. 3.34 Wartungsdeckel unter dem Rücksitz des Typ 4 Variant ausbauen, Mutter und Sprengring an der Getriebeeingangswelle demontieren und die Welle ca. 100 mm nach vorne ziehen. Die hier abgebildete Eingangswelle wurde zur besseren Verdeutlichung vom Getriebe abgebaut.*

14. Die Verbindungsschläuche des Wärmetauschers zur Fahrzeugheizung abziehen.
15. Die beiden oberen Motorbefestigungsschrauben lösen.
16. Getriebe vor dem Motor mit einer geeigneten Hilfskonstruktion gegen Absacken sichern.
17. Unter dem Fahrzeug den Gaszug aus seinem Führungsrohr ziehen. Benzinleitung abklemmen und rechts vorne am Motor abziehen.
18. Motor mit Rangierwagenheber unterbauen und die unteren Motorbefestigungsschrauben herausdrehen.
19. Die Halteschrauben herausdrehen, mit denen der Motorträger mit dem Rahmen verschraubt ist.
20. Motor nach hinten ziehen, bis die Getriebeeingangswelle von der Kupplung bzw. – bei Automatikversionen – der Drehmomentwandler von der Mitnehmerscheibe freikommt.
21. Motor auf den Boden ablassen.

## ZUSÄTZLICHE ARBEITSGÄNGE BEIM T3-BULLI

Vor dem Motorausbau das Batteriemassekabel abnehmen. Die Batterie ist meist unter dem rechten Vordersitz eingebaut.

KAPITEL 4

# AUSPUFFANLAGE UND ANBAUTEILE AM TYP-1-MOTOR AUSBAUEN

Bevor wir die Kurbelgehäusehälften trennen und das Motorinnenleben inspizieren und instandsetzen können, müssen die Auspuffanlage, sämtliche Motoranbauteile sowie die gesamten Luftleit- und Kühlluftführungsbleche um den Motor demontiert werden. Dazu stellen wir den Motor auf eine stabile Unterlage, so dass er nur auf dem Kurbelgehäuse steht. Natürlich muss vor den nun folgenden Arbeitsgängen auch das Motoröl abgelassen werden.

Benötigte Werkzeuge:

- Steckschlüsselsatz mit ³⁄₈- oder ½-Zoll-Antrieb oder Ringschlüsselsatz (SW 8 bis 22)
- Steckschlüssel oder Ringschlüssel SW 21 und SW 30
- Schlitzschraubendreher
- Magnetgreifwerkzeug mit Teleskopverlängerung
- Langschenklige Spitzzange

## KEILRIEMEN UND GEBLÄSEGEHÄUSE AUSBAUEN (ABB. 4.1–4.6)

1. Mit einem Schlitzschraubendreher die Befestigungsschrauben der vorderen Motorabdeckung abschrauben (die bei Doppelkanalmotoren notwendigen zusätzlichen Arbeitsgänge sind ab Seite 47 beschrieben).
2. Keilriemen abnehmen (siehe Kapitel 2).
3. Zündkabel kennzeichnen (damit sie beim Wiedereinbau nicht vertauscht werden), Kerzenstecker von den vier Zündkerzen abziehen und die Kabel von den Haltern am Gebläsegehäuse lösen. Verteilerdeckel abnehmen und zusammen mit den Zündkabeln ausbauen (die Arbeitsschritte beim 25- und 30-PS-Motor bis Motornummer 2 417 100 sind auf Seite 44 beschrieben).
4. Kabel an der Zündspule sowie das Niederspannungskabel zum Zündverteiler lösen.
5. Lichtmaschine und Gebläsegehäuse zusammen ausbauen. Die genaue Ausbaumethode variiert je nach Baujahr.

*Abb. 4.1 Lichtmaschinenspannband lösen und zum Kühlgebläsegehäuse zurückschieben.*

*Abb. 4.2 Die M6-Schrauben auf beiden Seiten des Kühlgebläsegehäuses mit einem Schlitzschraubendreher bzw. (je nach Ausführung) einem 10er Schraubenschlüssel herausdrehen.*

Für alle 25-, 30- und 34-PS-Motoren bis Juli 1964 (Modelljahr 1963) und Motornummer 8 796 622 gelten die folgenden Arbeitsschritte:

1. Mit einem 13er bzw. 14er Schraubenschlüssel (je nach Baujahr) die Halteschraube des Lichtmaschinenspannbandes auf dem Lichtmaschinenträger lösen und das Spannband nach vorne schieben, so dass es vom Träger freikommt.

   (Grundsätzlicher Hinweis: Die Schlüsselweite (SW) 13 für M8-Schrauben wurde ab 1962 genormt und ist seither das gängige Maß für diese Schraubengröße. Zuvor war allerdings die Schlüsselweite 14 für M8-Schrauben üblich. Im Einzelfall ist daher bei allen Arbeitsgängen an älteren Käfern bis 1962 zu prüfen, ob statt der angegebenen SW 13 die SW 14 verwendet werden muss.)
2. Mit dem Schlitzschraubendreher (manchmal ist ein 10er Schraubenschlüssel nötig) die beiden Schrauben auf beiden Seiten des Gebläsegehäuses lösen.
3. Feder am Drosselringhalter vor dem Gebläsegehäuse aushängen und die beiden Schrauben des Drosselrings am Halter lösen.
4. Gebläsegehäuse und Lichtmaschine gemeinsam herausheben. Vorsicht, dass der Ölkühler nicht beschädigt wird!

*Abb. 4.3 Feder aushängen und die beiden Halteschrauben des Drosselrings lösen und den Ring vom Gebläsegehäuse abnehmen.*

*Abb. 4.4 Nur bei „Hundehütten"-Gebläsegehäuse mit versetztem Ölkühler: Die vier Halteklammern der Verbindungsstange zu den Luftumlenkklappen lösen, dann die Rückholfeder aushängen und abnehmen. Verbindungsstange ausbauen.*

Abb. 4.5 *Nur bei „Hundehütte"-Gebläsegehäuse mit versetztem Ölkühler: Mit einem Schraubenschüssel (SW 10) die Halteschraube des oberen Luftaustrittdeckels am Gebläsegehäuse lösen.*

Abb. 4.6 *Mit einem Schraubenschlüssel (SW 10) die Halteschraube des Luftauslasskanals lösen, der durch die vordere Motorabdeckung führt.*

Bei Motoren ab August 1964 (Modelljahr 1965) werden diese Arbeiten wie folgt ausgeführt:

1. Bei „Hundehütten"-Gebläsegehäusen mit versetztem Ölkühler: Gleiche Arbeitsschritte wie bis Schritt 2 auf S. 44. Anschließend die Federklammern lösen, mit denen die Verbindungsstange für die Luftumlenkklappen am Gebläsegehäuse befestigt ist. Die vier Schrauben für die einzelnen Luftumlenkkästen am Gebläsegehäuse müssen nicht gelöst werden.
2. Alle Doppelkanalmotoren mit 1285 ccm/44 PS sowie 1584 ccm/48 PS und 50 PS aus der Bauzeit nach August 1970 besitzen einen versetzten Ölkühler vor dem Kühlgebläsegehäuse („Hundehütte"). Bei diesen Motoren sind eine zusätzliche Ölkühlerabdeckung und ein Austrittskanal vorhanden, der durch das vordere Motorabdeckblech führt. Zum Ausbau müssen die Befestigungsschrauben (SW 10) gelöst werden.
3. Nachdem wir uns vergewissert haben, dass der Thermostat von seiner Betätigungsstange an der rechten Motorunterseite abgeschraubt wurde, können Gebläsegehäuse und Lichtmaschine gemeinsam vom Motor abgehoben werden.

## BENZINPUMPE AUSBAUEN (ABB. 4.7–4.8)

1. Bei 25-PS- und 30-PS-Motoren die Leitungsverschraubungen lösen und die Benzin-Metallleitungen an Benzinpumpe und Vergaser abnehmen. Die Haltemuttern der Benzinpumpe an der Kurbelgehäuseseite losdrehen. Stößel und Kunststoff-Zwischenflansch vom Kurbelgehäuse abnehmen.
2. Bei allen anderen Typ-1-Motoren sitzt die Benzinpumpe auf der Kurbelgehäuseoberseite und ist durch Gummischlauchstücke (die mit Schlauchschellen befestigt sind) mit dem Vergaser und der Metallzulaufleitung verbunden. Stößel und Zwischenflansch vom Kurbelgehäuse abnehmen.

*Abb. 4.7 Bei den 25- und 30-PS-Motoren die beiden Metallverschraubungen an der Benzinpumpe lösen. Dann die beiden Befestigungsmuttern lösen und die seitlich angebaute Pumpe mit ihrem Betätigungsstößel und dem Kunststoff-Zwischenflansch abnehmen.*

*Abb. 4.8 Bei allen 30-PS-Motoren des Typ 2 ab 1959 sowie den 34-PS- und späteren Motoren ist die Benzinpumpe an den Zulauf- und Ausgangsstutzen mit Gummischläuchen (die mit Schraubschellen befestigt sind) mit dem Benzinkreislauf verbunden. Die Benzinpumpe sitzt bei dieser Motorversion auf der Kurbelgehäuseoberseite. Pumpe ausbauen und Stößel und Kunststoff-zwischenflansch abnehmen. Der Zwischenflansch ist auf dem Kurbelgehäuse oft regelrecht festgebacken und kann beim Ausbauversuch schon einmal brechen. Oft bleibt nur übrig, den Zwischenflansch beim Trennen der Kurbelgehäusehälften vollends zu zerbrechen.*

## SAUGROHR AUSBAUEN (ABB. 4.9–4.14)

Das Saugrohr (im VW-Jargon auch als „Hirschgeweih“ bekannt) wird mitsamt dem Vergaser ausgebaut. Bei den 25- und 30-PS-Motoren verlaufen die Zündkabel durch ein zusätzliches, mit Schraubschellen befestigtes Rohr über dem Saugrohr. Diese Ausführung entfiel ab Fahrgestellnummer 2 417 101.

1. Beim Ausbau des Saugrohrs an einem Fahrzeug mit diesem Zündkabelrohr lösen wir zuerst den Verteilerdeckel und ziehen die Zündkerzenkabel von den Kerzen ab (Zylindernummern an den Kerzenkabeln für den Wiedereinbau anzeichnen!). Dann die beiden Befestigungsschrauben des Rohrs am Gebläsegehäuse lösen.

*Abb. 4.9 An allen 25- und 30-PS-Motoren bis Motornummer 2 417 101 verlaufen die Zündkabel durch ein Schutzrohr am Kühlgebläsegehäuse. Beim Ausbau notieren wir die Zylindernummern an den einzelnen Kabeln, ziehen die Kabel von den Zündkerzen ab und bauen das Rohr vom Gebläsegehäuse ab. Nachdem der Verteilerdeckel gelöst wurde, kann das Rohr herausgenommen werden. Bei allen anderen Motoren genügt es, die zuvor mit den Zylindernummern gekennzeichneten Zündkabel abzuziehen und den Verteilerdeckel abzunehmen.*

*Abb. 4.10 Die 13er Mutter an der Vergaserstützstrebe am Kurbelgehäuse abschrauben.*

*Abb. 4.11 Die 10er Befestigungsmuttern des Saugrohrs am Zylinderkopf lösen.*

*Abb. 4.12 Die 10er Befestigungsschrauben des Saugrohr-Vorwärmrohrs am Auspuff lösen.*

*Abb. 4.13 Das dreiteilige Saugrohr der Doppelkanalausführungen ist mit 13er Muttern mit dem Zylinderkopf verschraubt.*

2. Der Vergaser muss nur zur Grundreinigung oder Generalüberholung vom Saugrohr getrennt werden. Bei manchen Modellen ist eine Stützstrebe zwischen der der Riemenscheibenseite zugewandten Vergaserstiftschraube und dem Motor vorhanden. Die untere Befestigungsmutter der Strebe muss dann zum Ausbau ebenfalls herausgedreht werden.
3. Bei allen übrigen Motoren bis Juli 1970 sowie allen späteren Einkanalmotoren benötigen wir zum Abbau des Saugrohrs lediglich einen gekröpften 10er Ringschlüssel. Wir lösen an jedem Einlasskanal die beiden Muttern sowie auf jeder Seite zwei weitere Muttern für die Befestigungspunkte des Vergaservorwärmrohrs am Auspuff.
4. Bei allen Triebwerken mit Doppelkanal-Zylinderkopf benötigen wir zum Abschrauben der Muttern an den Einlasskanälen einen 13er Ringschlüssel. Die Befestigungsstellen des Vergaservorwärmrohrs am Auspuff werden mit einem 10er Schlüssel gelöst. Außerdem sollte ein Kreuzschlitzschraubendreher zur Hand sein – mit ihm lösen wir die Halteklammern der Gummimanschetten, mit denen die drei Saugrohrteile verbunden sind.

*Abb. 4.14 Die drei Teile des Saugrohrs der Doppelkanalmotoren sind mit Gummimanschetten miteinander verbunden, die mit Schraubschellen fixiert werden.*

### MUTTERN DER DOPPELKANAL-SAUGROHRE LÖSEN

Praxistipp: Der 13er Schraubenschlüssel muss möglichst stramm auf den Muttern sitzen, damit jede Gefahr, dass die Muttern rundgedreht, werden, vermieden wird. Aufgeweitete Schlüssel sind also tabu!

## AUSPUFFANLAGE ABBAUEN (ABB. 4.15–4.18)

1. Nachdem das Saugrohr von der Oberseite der hinteren Auspuffflansche abgeschraubt wurde, müssen wir die Flanschschellen lösen, mit denen bei den Motoren bis Nr. 3 949 282 (30 PS) bzw. 7 336 419 (34 PS) die Heizkörper bzw. bei allen späteren Motoren die Wärmetauscher mit den unteren Auspuffrohren verbunden sind.

   Viele frühe 34-PS-Motoren sind im Laufe ihres Lebens auf die spätere Anlage umgerüstet worden. Der obere Auspuffhalteflansch ist bei allen ab 1962 verwendeten Ausführungen des Typ-1-Aggregats mit 13er Muttern an den hinteren Auslasskanälen des Zylinderkopfs befestigt.

   Je nach Modell- und Baujahr sind bei manchen Modellen an den Stiftschrauben der hinteren Auspuffflansche sogenannte Warmluftentnahmerohre angeschraubt. Diese Rohre müssen für den Wieder-

*Abb. 4.15 Nachdem die Befestigungsschrauben der Saugrohrvorwärmleitungen entfernt wurden, müssen noch zwei 13er Muttern gelöst werden, mit denen der Auspuff am Zylinderkopf befestigt ist.*

*Abb. 4.16 Das Warmluftentnahmerohr für die Vergaservorwärmung sitzt bei diesem 44-PS-1500er Käfer von 1967 am rechten Abgaswärmetauscherflansch.*

*Abb. 4.17 Diese spätere Ausführung des Warmluftentnahmerohrs saugt bei den Modellen ab Juli 1968 die Warmluft für die Vergaservorwärmung unter Zylinder Nr. 2 an. Sie ist mit dem Zylindermantel und der hinteren unteren Motorverblechung verschraubt.*

*Abb. 4.18 Die 13er Haltemuttern des Wärmetauschers am vorderen Auslasskanal am Zylinderkopf abschrauben.*

*Abb. 4.19 Mit einem Schlitzschraubendreher die Halteschrauben der Zylinderabdeckbleche an den Zylinderköpfen abschrauben.*

*Abb. 4.20 Wenn die Kupplungsdruckplatte weiterverwendet werden soll, lösen wir die 13er bzw. 14er Schrauben schrittweise in mehreren Durchgängen, damit sich die Druckplatte nicht verzieht.*

einbau griffbereit aufbewahrt werden, denn sie spielen in der Warmlaufphase des Motors eine wichtige Rolle bei der Warmluftzufuhr zum Vergaser.

2. Heizkörper (der 25-/30-PS- und frühen 34-PS-Motoren) bzw. Wärmetauscher (der 34-PS-Motoren ab Motornummer 7 336 420 und aller späteren Motoren) ausbauen.

   Sofern noch nicht erledigt, lösen wir jetzt mit einem Schlitzschraubendreher die unteren Halteschrauben des Abdeckblechs zwischen Wärmetauscher und Kurbelgehäuse ab. Dann werden mit einem 13er Ring- oder Steckschlüssel die Haltemuttern der Wärmetauscher am vorderen Auslasskanalflansch des Zylinderkopfes abgeschraubt. Der Wärmetauscher kann nun von den vorderen Auspuffstiftschrauben und vom Motor abgehoben werden.

## OBERE ZYLINDERABDECKBLECHE AUSBAUEN

Mit einem Schlitzschraubendreher die Befestigungsschrauben der oberen Zylinderabdeckbleche an den Zylinderköpfen lösen (Abb. 4.19).

## KUPPLUNG AUSBAUEN

Nachdem das Schwungrad mit einer geeigneten Blockiervorrichtung gegen Mitdrehen gesichert wurde, lösen wir die Kupplungsdruckplattenschrauben am Schwungrad mit einem 13er (bzw. je nach Baujahr 14er) Ringschüssel oder Steckschlüssel, und zwar in mehreren Durchgängen reihum immer ein Stück weiter, damit sich die Druckplatte (wenn sie wiederverwendet werden soll) nicht verzieht. Sofern die Kupplung nicht wirklich erst eine geringe Laufleistung „auf dem Buckel" hat, ist es allerdings grundsätzlich ratsam, sie gleich komplett mit zu erneuern, damit man den frisch überholten Motor nicht schon bald wieder zum Kupplungstausch ausbauen muss (Abb. 4.20).

## ZÜNDVERTEILER AUSBAUEN

Mit einem 13er Schraubenschlüssel die Klemmmutter lösen und den Verteiler herausziehen. Die Distanzfeder am Ende der Verteilerantriebswelle mit einer langen Spitzzange herausheben und zusammen mit dem Verteiler für den Wiedereinbau wegpacken (Abb. 4.21–4.22). Ausbau der Verteilerantriebswelle siehe Kapitel 5.

Abb. 4.21 Die 13er Haltemutter der Verteilerklemmplatte am Kurbelgehäuse abschrauben und den Verteiler herausziehen.

Abb. 4.22 Mit einer langschenkligen Spitzzange die Distanzfeder aus dem Inneren der Verteilerantriebswelle abnehmen.

## ÖLKÜHLER AUSBAUEN

Mit einem Ringschlüssel (SW 10) die drei Haltemuttern des Ölkühlers am Kurbelgehäuse lösen. Beim Doppelkanalmotor muss der Ölkühler ggf. zusammen mit dem Zwischenhalter abgeschraubt werden. (Abb. 4.23)

## KURBELGEHÄUSE UND ZYLINDER REINIGEN

Alle Einlasskanäle und sonstigen Öffnungen am Motor dicht verschließen und den gesamten Motor mit Motorreiniger gründlich von Ölrückständen und Straßenschmutz reinigen.

Wer jetzt bereits beschlossen hat, dass er den Motor nicht weiter öffnen will, kann sich die weitere Arbeit sparen, denn der Motor wird nun so, wie er dasteht, als Tauschmotor in Zahlung gegeben oder durch einen anderen Motor ersetzt. Achtung: Manche Anbieter liefern ihre Tauschmotoren ohne Verteilerantriebswelle.

Abb. 4.23 Die drei 10er Haltemuttern des Ölkühlers am Kurbelgehäuse abschrauben. Dichtringe nicht wiederverwenden.

## ÖLSIEBVERSCHLUSSDECKEL AUSBAUEN

Motor auf die Schwungradseite abkippen und die sechs Haltemuttern des Ölsiebdeckels (die bei älteren Motoren um die mittige Ölablassschraube angeordnet sind) mit einem Steckschlüssel (SW 10) an der Motorunterseite herausdrehen und Deckel und Ölsieb abnehmen (siehe auch Kapitel 2).

## ÖLÜBERDRUCK- UND ÖLDRUCKREGEL-VENTIL AUSBAUEN (ABB. 4.24)

Nachdem das Motorgehäuse mit Motorreiniger von allen Schmutz- und Ölresten befreit wurde, bauen wir das Ölüberdruckventil und – bei späteren Motoren – das Öldruckregelventil aus.

Diese Ventile sitzen unten an der linken Motorgehäusehälfte hinter großen geschlitzten Deckeln, die für die meisten Schraubendreher zu breit sind. Das Ölüberdruckventil finden wir immer an der Gehäuserückseite, bei späteren Aggregaten ist zusätzlich an der Vorderseite ein Öldruckregelventil eingebaut. Wir bauen zuerst die Ventilverschlussdeckel und danach die große Feder und den Ventilkolben aus. Alle Einzelteile in Plastiktüten verstauen und kennzeichnen, denn sie müssen hinterher wieder an ihrem ursprünglichen Einbauort montiert werden.

*Abb. 4.24 An dem nach vorne auf das Schwungrad abgekippten Motor kann der Verschlusstopfen für das Ölüberdruckventil sowie – falls vorhanden – für das Öldruckregelventil mit einem breiten Schlitzschraubendreher herausgedreht werden. Feder und Kolben herausziehen, mit einem Etikett kennzeichnen und in Plastiktüten verpacken, damit sie beim Einbau an der ursprünglichen Stelle montiert werden können. Das Ölüberdruckventil sitzt auf der Riemenscheibenseite des Motorgehäuses.*

## KAPITEL 5

# MOTOR ZERLEGEN

Für die weiteren Demontagearbeiten empfiehlt es sich, eine gewisse Menge an Schachteln, Kartons und Plastiktüten bereitzulegen, in denen die Einzelteile geordnet weggepackt werden. Für Kleinteile bieten sich Tütchen aus dem Pharmahandel oder Medizinbedarf an. Alle Einzelteile werden sofort nach dem Ausbau mit beschrifteten Etiketten gekennzeichnet.

*Abb. 5.2 Nachdem die Schwungradblockiervorrichtung angebracht wurde, können Kupplung und Kurbelwellenriemenscheibe demontiert werden. Diese Sicherungsmethode ist allerdings zum Lösen der sehr fest angezogenen Schwungradbefestigungsschraube nicht zu empfehlen.*

## KURBELWELLEN-/LICHTMASCHINEN-RIEMENSCHEIBE AUSBAUEN – TYP-1-MOTOR (ABB. 5.1–5.4)

1. Schwungrad mit einem geeigneten Haltewerkzeug blockieren und die Befestigungsschraube (SW 30) der Kurbelwellenriemenscheibe lösen. Mit etwas Glück lockert sich die Riemenscheibe anschließend, wenn wir abwechselnd links und rechts an der Scheibe rütteln, und kann abgenommen werden. Meist ist aber ein Abzieher erforderlich.

*Abb. 5.1 Bei blockiertem Schwungrad (siehe auch Abb. 5.6) die Riemenscheibenschraube mit einem 30er Schraubenschlüssel lösen.*

*Abb. 5.4 Die beiden Halteschrauben des inneren Riemenscheibenabdeckblechs lösen.*

2. Nachdem die Kurbelwellenriemenscheibe abgebaut wurde, nehmen wir das innere Riemenscheibenabdeckblech ab (zuvor müssen natürlich alle Halteschrauben am Motor und an den unteren Leitblechen entfernt worden sein).

# SCHWUNGRAD AUSBAUEN (ABB. 5.5–5.8A)

Wer einen 6-Volt-Motor durch eine 12-Volt-Version ersetzen möchte, sollte daran denken, dass die Schwungräder der 6- und 12V-Versionen nicht identisch sind. Das 6V-Schwungrad hat 109 Zähne, das 12V-Schwungrad dagegen 130 Zähne. Es passen also nicht alle Anlasser an alle Schwungräder. Wer einen 6V-Anlasser mit 12V betreiben möchte, tut sich damit aber keinen Gefallen, wenn der Anlasser nicht eindeutig zum verwendeten Motorschwungrad passt (außerdem dreht ein mit 12V betriebener 6V-Anlasser arg hoch). Eine Ausnahme bilden hier lediglich die 6V-Ausführungen des Modelljahres 1967, das noch die liegenden Scheinwerfer aufwies (abgesehen von den US-Exportversionen mit den stehenden Scheinwerfern, wie sie ab Modell 1968 auch auf allen anderen Märkten Einzug hielten). Die 6V-Modelle von 1967 besaßen bereits das für die 12V-Versionen typische Schwungrad mit 130 Zähnen. Diese beiden Schwungradausführungen sind

## WIR BAUEN UNS EINEN ABZIEHER

Die Anfertigung eines Riemenscheibenabziehers aus Hobbyschraubermaterialien ist nicht allzu schwer. Wir benötigen einen Flachstahl passender Länge mit zentraler Gewindebohrung und zwei weiteren Bohrungen, die entweder mit den beiden Bohrungen in der Riemenscheibe fluchten oder weiter außen am Riemenscheibenumfang angeordnet sind. Dann stecken wir zwei lange Schrauben durch die Bohrungen im Abzieher, so dass die an diesen Schrauben angebrachte Greifvorrichtung von hinten an der Riemenscheibe bzw. seitlich in die Riemenscheibennut eingreift. Wenn man nun die mittige Halteschraube anzieht, wird die Riemenscheibe nach und nach von der Kurbelwelle heruntergezogen. Vorsicht, dass das Innengewinde an der Kurbelwelle dabei nicht beschädigt wird!

*Abb. 5.3 Wenn die Kurbelwellenriemenscheibe besonders stramm auf der Kurbelwelle sitzt, lässt sie sich meist nur mit einem Abzieher lösen. Das Bild zeigt einen Eigenbau-Abzieher, der seine Aufgabe tadellos erfüllt.*

*Abb. 5.5 Nachdem die Schwungradblockiervorrichtung angebracht wurde, können die sechs M8-Schrauben der Kupplungsdruckplatte abgeschraubt werden.*

allerdings ihrerseits nicht gegeneinander austauschbar, da sie sich in der Befestigung auf der Kurbelwelle voneinander unterscheiden.

Das Schwungrad ist mit extrem hohem Drehmoment (je nach Ausführung zwischen 270 und 350 Nm) angezogen, daher benötigen wir zum Lösen der Kurbelwellen-Hohlschraube stets die genau passenden Werkzeuge. Mindestausstattung ist eine Stecknuss (SW 36) mit stabilem Schiebegriff bzw. Knebel und evtl. einem ausreichend langen Verlängerungsrohr aus Stahl. Auch ein Helfer, der den Motor gegen Wegkippen sichert, sollte bei dieser Arbeit zur Stelle sein.

1. VW-Werkstätten verwendeten beim Losdrehen des Schwungrads üblicherweise eine Spezial-Halteklammer. Manche langjährige VW-Schrauber behaupten jedoch, dass es mit diesem Werkzeug passieren kann, dass das Kurbelgehäuse am Widerlager des Spezialwerkzeugs reißt, wenn die volle Losdrehkraft auf die Mutter wirkt. Als Eigenbauwerkzeug hat sich ein ca. 1,2 m langer stabiler Flachstahl bewährt. In diesen bohrt man zwei 8-mm-Löcher, deren Achsen genau mit den Gewindebohrungen für zwei der Druckplattenhalteschrauben im Schwungrad fluchten. Dann drehen wir zwei der Druckplattenschrauben (bzw. passende, entsprechend längere Schrauben) ein und befestigen damit das Halteeisen, bevor die Schwungradschraube gelöst wird.
2. Nachdem die Haltevorrichtung bzw. das Eigenbau-Halteeisen am Schwungrad angeschraubt wurde, stellen wir den Motor auf eine feste Fläche auf den Boden und fixieren das Halteeisen mit massiven Klötzen oder in einem Schraubstock, damit Motor und Halteeisen nicht kippen können. Dann die 36er Stecknuss auf der Schwungradschraube ansetzen und mit gehörigem Nachdruck lösen und abdrehen. Sobald die Schraube aus dem Weg ist, kann das Schwungrad durch kräftiges Ziehen gelockert und von den vier Passstiften abgenommen werden. Vorsicht, dass die Finger nicht dazwischengeraten, wenn das ziemlich schwere Schwungrad mit einem Mal von der Kurbelwelle freikommt!

*Abb. 5.6 Mit einem langen Flachstahl, der mit zwei Druckplattenschrauben des Schwungrads verschraubt wird und dessen anderes Ende auf einer Holzunterlage oder in einem freistehenden Schraubstock fixiert wird, kann das Schwungrad gegen Mitdrehen gesichert werden, wenn die zentrale Schwungradschraube mit dem erforderlichen hohen Drehmoment losgedreht wird.*

## SCHWUNGRAD AM TYP-4-MOTOR (1700, 1800 UND 2000 CCM) AUSBAUEN

Schwungradblockiervorrichtung anbringen. Vor dem Ausbau des Schwungrads die Mittelschraube auf der Gebläsenabe hinten am Motor lösen.

Zum Ausbau der Gebläsenabe Metallunterlagen zwischen den drei Gebläseschraubenbohrungen und der Kurbelwelle einschieben. Drei lange M8-Schrauben in die Bohrungen in der Gebläsenabe einschrauben und anziehen, so dass die Nabe von der Kurbelwelle freikommt. Scheibenfeder aus der Nut in der Kurbelwelle herausnehmen. Das Schwungrad ist mit fünf Schrauben mit der Kurbelwelle verschraubt. Die fünf Schrauben lösen und die Fünfloch-Schraubenunterlegscheibe und das Schwungrad abnehmen.

Das Schwungrad wird durch einen Passstift auf der Kurbelwelle gesichert, der vor weiteren Arbeiten an der Kurbelwelle in bestimmten Fällen ausgebaut werden muss. O-Ring aus der Nut im Schwungrad herausnehmen.

Das Führungslager für die Getriebeeingangswelle befindet sich am Kurbelwellenende. Zum Ausbau des Lagers füllen wir das Lagerinnere komplett mit steifem Abschmierfett und drücken eine alte Getriebeeingangswelle, die hier als Treibdorn wirkt, in das Lagerinnere ein. Nach einigen Hammerschlägen müsste das Lager unter dem durch die Fettfüllung erzeugten Hydraulikdruck aus seinem Sitz in der Kurbelwelle herauswandern.

*Abb. 5.7 Zum Ausbau der Gebläsenabe bei den 1700-, 1800- und 2000-ccm-Motoren muss zuerst die zentrale 13er Schraube herausgedreht werden. Dann Metallunterlagen hinter den drei Schraubenlöchern des Gebläses einlegen. Drei lange M8-Schrauben eindrehen und anziehen, so dass die Schrauben gegen die Metallunterlagen drücken und sich die Gebläsenabe von der Kurbelwelle löst.*

*Abb. 5.8 Die fünf Schwungradschrauben (SW17) der 1700-, 1800- und 2000-ccm-Motoren des Typ 4 abschrauben. Die Fünfloch-Schraubengrundplatte nicht wiederverwenden.*

*Abb. 5.8A Das Führungs-Nadellager für die Getriebeeingangswelle sitzt bei den 1700-, 1800- und 2000-ccm-Motoren des Typ 4 im Kurbelwellenende. Es sollte grundsätzlich erneuert werden. Beim Einbau muss der Filzring zum Kurbelwellenende zeigen.*

# DIE VERTEILERANTRIEBSWELLE (ABB. 5.9)

Für den Ausbau der Verteilerwelle existiert ein Spezialwerkzeug. Ein passend geformter Holzdorn, der in die Aussparung am oberen Wellenende eingreift, eignet sich jedoch genauso gut. Die Distanzfeder wird mit einer langschenkligen Spitzzange aus der Vertiefung im oberen Wellenende herausgenommen, dann klopfen wir den Holzdorn mit leichten Schlägen in die Vertiefung im oberen Wellenende und heben die Welle mit einer Drehung gegen den Uhrzeigersinn aus ihrer Aufnahme heraus. Mit einem Magneten mit Teleskopverlängerung greifen wir die beiden Scheiben, auf denen die Welle am Grund ihrer Bohrung saß, ziehen diese heraus und packen sie für den Wiedereinbau in eine Plastiktüte. Wer den Motor komplett zerlegen will, baut die Welle und die Scheiben aus, wenn die beiden Gehäusehälften getrennt werden.

*Abb. 5.9 Mit einem passend geformten Holzdorn lässt sich die Verteilerantriebswelle aus ihrer Aufnahmebohrung herausheben, sofern die Welle nicht allzu fest in der Bohrung steckt.*

# ÖLPUMPE AUSBAUEN (ABB. 5.10–5.11)

Mit einem 10er Schraubenschlüssel (bei den früheren Motoren) bzw. einem 13er Schlüssel (bei späteren Versionen) lösen wir die vier Befestigungsschrauben des Ölpumpendeckels auf der Riemenscheibenseite des Motors.

Dann den Ölpumpendeckel abheben und die Pumpenzahnräder herausnehmen und für den Wiedereinbau in einer Plastiktüte verpacken (sofern die Pumpe nicht komplett erneuert werden soll). Automatikmodelle sind mit einer Doppelpumpe ausgerüstet, bei der die beiden Pumpenteile durch einen Zwischenflansch voneinander getrennt sind. Der äußere Zahnradsatz ist für die ATF-Ölzirkulation zum Drehmomentwandler vorgesehen.

Anschließend kann das Pumpengehäuse mit leichtem Rütteln von den vier Stiftschrauben gelöst werden. Manchmal hängt die Pumpe scheinbar fest, aber versuchen Sie bitte auf keinen Fall, sie mit einem Schraubendreher von ihrem Sitz abzuhebeln, denn dabei kann die Dichtfläche irreparabel beschädigt werden! Besser geeignet ist ein Spezialabzieher, der am Pumpengehäuse angreift. Wenn es gar nicht anders geht, verschieben wir den Pumpenausbau, bis die Motorgehäusehälften voneinander getrennt wurden. Damit sich die Hälften dann leichter trennen lassen, drehen wir bereits jetzt die Stiftschrauben der Ölpumpe aus der rechten Gehäusehälfte heraus.

*Abb. 5.10 Die vier 10er Befestigungsmuttern vom Ölpumpendeckel abschrauben. Bei den Motoren ab 1967 sitzen hier 13er Muttern.*

*Abb. 5.11 Ölpumpenräder herausnehmen und in einer Plastiktüte verpacken. Die Automatikmodelle sind mit einer Doppelpumpe ausgerüstet, bei der der Motorölpumpenrädersatz durch einen Zwischenflansch vom äußeren Zahnradsatz getrennt ist, der für die Umwälzung der ATF-Flüssigkeit zuständig ist.*

## SO WERDEN STIFTSCHRAUBEN AUSGEBAUT

Praxistipp: Leichter geht der Ausbau von Stiftschrauben (Stehbolzen), indem man zwei Muttern auf der Stiftschraube aufdreht, gegeneinander kontert und einen Gabelschlüssel an der unteren der beiden Muttern ansetzt und damit die Stiftschraube aus dem Motorgehäuse herausdreht. Beim Wiedereinbau setzt man den Gabelschlüssel an der oberen Mutter an.

*Abb. 5.12 Auch wenn das Pumpengehäuse allzu sehr am Kurbelgehäuse „festgebacken" ist, darf es nicht mit einem Schraubendreher zwischen Gehäuseflansch und Kurbelgehäuse abgehebelt werden, denn dadurch werden die Passflächen beschädigt – Ölverlust ist die unweigerliche Folge. Besser ist es, die beiden Stiftschrauben mit dem oben beschriebenen Trick der beiden Kontermuttern aus der rechten Kurbelgehäusehälfte herauszudrehen. Beim Trennen der Kurbelgehäusehälften lässt sich dann auch das Ölpumpengehäuse leichter abbauen.*

*Abb. 5.13 Nachdem die beiden Muttern gekontert wurden, drehen wir die untere Mutter entgegen dem Uhrzeigersinn, so dass sich die Stiftschraube aus dem Gehäuse herausdreht. Beim Wiedereinbau der Stiftschraube wird der Schraubenschlüssel an der oberen Mutter angesetzt.*

## ZYLINDERKÖPFE AUSBAUEN (ABB. 5.14–5.20)

Die Zündkerzen sollten herausgedreht werden, solange die Zylinderköpfe noch am Motor angebaut sind.

1. Einen breiten Schlitzschraubendreher von oben zwischen dem Spannbügel und Ventildeckel ansetzen und den Spannbügel nach unten abhebeln.
2. Ventildeckel abheben und Korkdichtung abnehmen und entsorgen.

*Abb. 5.14 Spannbügel der Ventildeckel nach unten aus ihrer Haltenut abhebeln und Ventildeckel abnehmen.*

*Oben: Abb. 5.15 Korkdichtung abnehmen, entsorgen und beim Einbau eine neue Dichtung montieren.*

*Abb. 5.16 Die beiden Muttern (SW 13) der Kipphebelwellen losdrehen. Die 1700-, 1800- und 2000-ccm-Motoren des Typ 4 besitzen zwei Wellen je Zylinderkopf, die mit 11er Muttern befestigt sind.*

*Abb. 5.17 Stößelstangen herausziehen.*

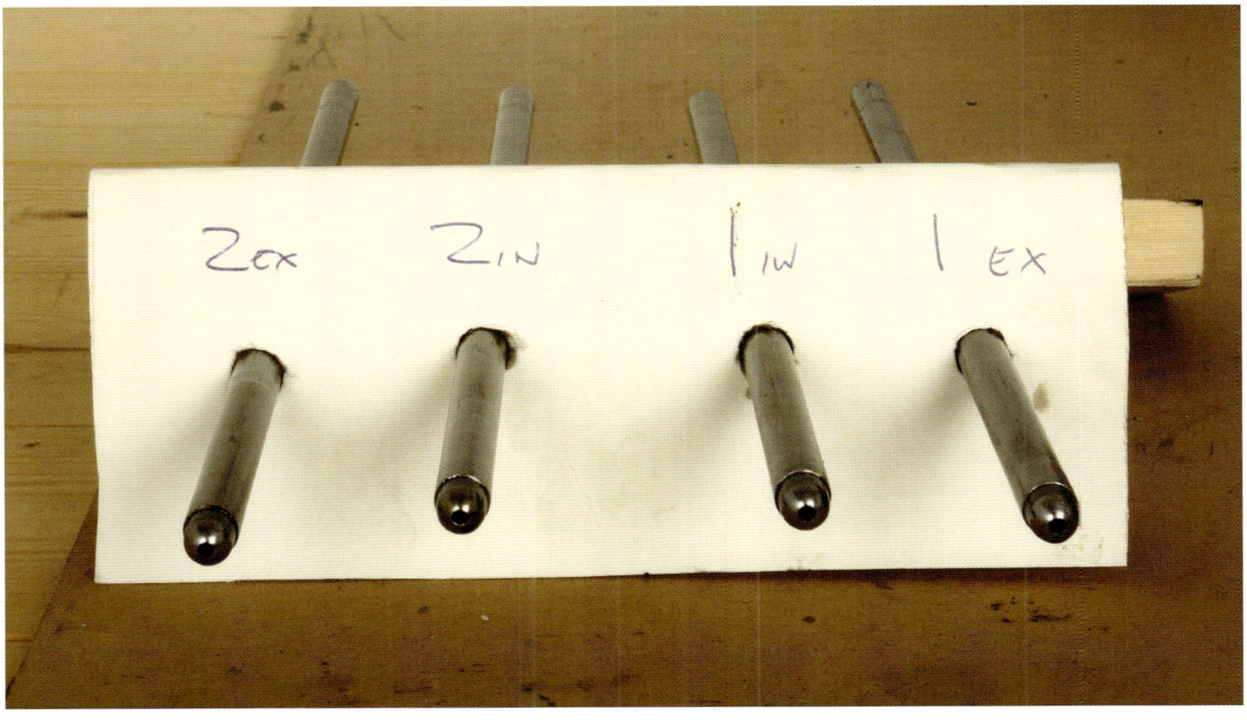


*Abb. 5.18 Einbaustellen der Stößelstangen auf zwei Kartons anzeichnen und die ausgebauten Stößelstangen durch die zugehörigen Löcher im Karton durchstecken.*

*Abb. 5.18A Stößel und Stößelstangen sind bei den 25 und 30-PS-Motoren einteilig.*

3. Mit einem Ringschlüssel (SW 13) die beiden Haltemuttern der Kipphebelwelle abdrehen und die Welle von ihren Stehbolzen abheben.
4. Arbeitsschritte 2 und 3 beim anderen Zylinderkopf wiederholen. Bei den 1700-, 1800- und 2000-ccm-Motoren beim Typ 4 sind die beiden Kipphebelwellen je Zylinderkopf mit 11er Muttern befestigt.
5. Nun stanzen wir je vier Löcher in zwei Kartons und beschriften die Bohrungen mit den Ventileinbaustellen. Dann die Stößelstangen aus ihren Bohrungen ziehen und durch die entsprechenden Löcher in den beiden Kartons durchstecken. Findige Schrauber besorgen sich einen stabilen Behälter mit mindestens 8 Einzelfächern (z. B. eine ausrangierte Feuerwerksbatterie von der letzten Silvesterfeier) und legen die Stößelstangen dort fein säuberlich geordnet ab.
6. Bei den 25- und 30-PS-Motoren sind die Stößel Teil der Stößelstangen und werden jetzt mit ausgebaut. Metallplatten im Kurbelgehäuse verhindern, dass sie sich mitdrehen. Sie werden bis zum Einbau sicher verwahrt und am besten ebenfalls durch einen entsprechend nummerierten Karton durchgesteckt.
7. Nun die Zylinderkopfmuttern mit einem Steckschlüssel (SW 15) in umgekehrter Reihenfolge der in Abb. 5.19 gezeigten Folge um jeweils eine Umdrehung lösen. Muttern weiter losdrehen, bis sie sich von Hand vollends abdrehen lassen. Muttern und Unterlegscheiben für den Wiedereinbau aufbewahren.
8. Zylinderköpfe von den Stiftschrauben abheben. Dabei darauf achten, dass sich die Zylinder nicht mit lösen. Sobald der Zylinderkopf von den Zylinderstiftschrauben freikommt, können die Stößelstangenschutzrohre (die zwischen Zylinderkopf und Kurbelgehäuse eingespannt sind) mit abgezogen und bis zum Wiedereinbau beiseitegelegt werden. Diese Schutzrohre sind allerdings rost- und beschädigungsanfällig und Ersatz ist nicht teuer, so dass es oft besser ist, sie gleich zu erneuern.

*Abb. 5.19 Anzugsreihenfolge der Zylinderkopfmuttern. Die Zylinderkopfmuttern werden in umgekehrter Reihenfolge gelöst, und zwar reihum in mehreren Durchgängen in kleinen Schritten, damit sich der Kopf nicht verzieht.*

*Abb. 5.20 Sobald der Zylinderkopf gelockert wurde, können die Stößelstangenrohre ausgebaut werden. Gummidichtringe nicht wiederverwenden, sondern beim Zusammenbau erneuern.*

### 1700-, 1800- UND 2000-CCM-MOTOREN (TYP 4)

Nachdem die Stößelstangen herausgenommen wurden, können die Stößelstangenschutzrohre aus dem Zylinderkopf herausgezogen werden. Federklammer im Zylinderkopf lösen und Stößelstangenrohre mit einer Drehbewegung durch die Öffnungen im Zylinderkopf herausziehen.

## ZYLINDER AUSBAUEN

Sicherheitshalber sollten die Kolben und Zylinder bei einer Motorüberholung mit erneuert werden. Wer sie jedoch wiederverwenden möchte, sollte die Zylinder mit Lack oder Tipp-ex kennzeichnen, damit sie wieder an ihrer ursprünglichen Einbaustelle montiert werden können.

Zylinder von den Stehbolzen herunterziehen und die Zylinderfuß-Papierdichtung an der Passfläche zum Kurbelgehäuse abnehmen.

## KOLBEN AUSBAUEN (ABB. 5.21–5.22)

1. Mit einer geeigneten Spitzzange die Sprengringe auf beiden Seiten des Kolbenbolzens aus dem Kolbenbolzenauge herausnehmen.
2. Der Kolbenbolzen sitzt mit strammem Haftsitz im Kolben, daher muss der Kolben erwärmt werden, um den Kolbenbolzen ausbauen zu können. Dazu stellen wir eine ausreichend große Auffangwanne unter den Kolben, der demontiert werden soll, und gießen kochend heißes Wasser über den Kolben. Anschließend den Kolbenbolzen so schnell wie möglich (solange der Kolben noch heiß ist) mit einem passenden Dorn aus dem Kolben herausdrücken. Wenn die Kurbelwelle weitergedreht wird, um den nächsten Kolben, der ausgebaut werden soll, in den oberen Totpunkt zu stellen, unbedingt darauf achten, dass

Abb. 5.21 Sicherungsringe der Kolbenbolzen herausnehmen.

Abb. 5.22 Den angewärmten Kolbenbolzen möglichst rasch mit einem passenden Dorn herausdrücken. Beim Kolbenbolzenausbau muss der Kolben im oberen Totpunkt stehen.

die anderen Pleuel und Kolbenhemden nicht an den Zylinderöffnungen im Kurbelgehäuse anecken oder hängenbleiben.

## LICHTMASCHINENTRÄGER AUSBAUEN (ABB. 5.23)

Diese Anleitung gilt nur für den 34-PS-Motor und die späteren Typ-1-Motoren. Mit einem 13er Ringschlüssel die vier Befestigungsmuttern für den Lichtmaschinen-

Abb. 5.23 Die vier Muttern (SW 13) lösen und den Lichtmaschinenträger abnehmen. Dichtungen und Metallschild nicht wiederverwenden.

träger bzw. Öleinfüllstutzen lösen und den Träger vom Kurbelgehäuse abheben (bei den 25- und 30-PS-Motoren ist der Lichtmaschinenträger Teil des Motorgehäuses. Ausnahme: Auch beim 30-PS-Motor des Typ 2 Modell 1959 war der Lichtmaschinenträger bereits demontierbar).

## KURBELGEHÄUSEHÄLFTEN TRENNEN (ABB. 5.24–5.29)

Benötigte Werkzeuge:

- Steckschlüssel/Ringschlüssel SW 13
- Steckschlüssel/Ringschlüssel SW 17

Bevor wir uns daran machen, die Kurbelgehäusehälften zu trennen, müssen Schwungrad, Kurbelwellenriemenscheibe bzw. (beim Typ 4) die Gebläsenabe demontiert werden (siehe Beschreibung am Kapitelanfang). Dann kippen wir den Motor auf seine linke Seite, so dass die Pleuel Nr. 1 und 2 nach oben zeigen, und stützen den Motor in dieser Lage mit Holzunterlagen ab oder fixieren ihn in den Backen einer mobilen Werkbank.

1. Wenn die obere Gehäusehälfte abgehoben wird, fallen die Stößel heraus, sofern sie nicht mit Spezialklammern fixiert wurden.
2. Zuerst mit dem 13er Steckschlüssel die kleineren Muttern herausdrehen, dann die größeren 17er Muttern ausbauen. Zwei der kleineren Befestigungsmuttern sitzen auf Schrauben, die übrigen Muttern auf Stiftschrauben.

*Abb. 5.24 Nachdem alle Kolben ausgebaut sind, kippen wir das Kurbelgehäuse auf die linke Seite, so dass die Pleuel von Zylinder 1 und 2 nach oben zeigen. Kurbelgehäuse mit Holzklötzen verkeilen oder in den Spannbacken einer mobilen Werkbank fixieren. Meist muss das Gehäuse mit einem Unterlegklotz ausgerichtet werden. Die Stößel in der rechten Gehäusehälfte mit Hilfsklammern (falls vorhanden) fixieren, damit sie nicht herausfallen.*

3. Nachdem alle Muttern und Schrauben herausgedreht wurden, kann die obere Kurbelgehäusehälfte abgehoben werden. Im Werk erhielten die Passflächen der beiden Gehäusehälften eine dünne Schicht Dichtungsmasse. Dies kann die Demontage spürbar erschweren. Bitte aber auf keinen Fall versuchen, die beiden Hälften mit einem Schraubendreher o.ä. auseinanderzuhebeln. Dies hinterlässt unweigerlich Spuren auf der Dichtfläche, die hinterher nicht wieder dicht wird. Besser ist es, bei frei hängendem Kurbelgehäuse die untere Gehäusehälfte durch leichte Schläge mit einem Gummihammer oder Holzklotz zu lockern. Aber nicht zu hart zuschlagen und auch nicht genau auf die Passflächen zielen. Unter der Wirkung der Schläge lockern sich die Passflächen auf jeden Fall nach und nach, und jetzt kann auch das Ölpumpengehäuse abgenommen werden. Dann die rechte Gehäusehälfte abheben.

*Abb. 5.25 Zuerst die kleinen Muttern und Schrauben lösen.*

*Abb. 5.26 Dann die sechs größeren Muttern lösen. Die beiden Kurbelgehäusehälften wurden mit Dichtungsmasse zusammengefügt, daher muss das Kurbelgehäuse evtl. an den Zylinderstehbolzen rund 1 cm über der Werkbank bzw. Unterlage aufgehängt werden. Nach einigen leichten, aber wohlgezielten Schlägen auf die Seitenteile neben den Dichtflächen müsste sich bald ein Spalt an den Dichtflächen öffnen.*

*Abb. 5.27 Sobald ein Spalt zwischen den Kurbelgehäusehälften zu erkennen ist, lockert sich auch das Ölpumpengehäuse – es sei denn, wir haben vorher vergessen, die Stiftschrauben am Pumpenflansch aus der rechten Gehäusehälfte herauszudrehen.*

*Abb. 5.28 Irgendwann löst sich die linke Kurbelgehäusehälfte mit Kurbelwelle und Nockenwelle beim Trennversuch und sackt auf ihre Unterlage ab. Dann die rechte Gehäusehälfte abheben.*

*Abb. 5.29 Verschlussdeckel auf der Schwungradseite der Nockenwelle abnehmen und bis zum Wiedereinbau wegpacken.*

*Abb. 5.30 Nockenwelle und (sofern vorhanden) Nockenwellenlager sowie die Dichtringe an den sechs Stehbolzen ausbauen.*

4. Den runden Verschlussdeckel für die Nockenwelle abnehmen, der auf der Schwungradseite des Gehäuses in der Nockenwellenachse sitzt.

## NOCKENWELLE AUSBAUEN (ABB. 5.30)

Die über ein Stirnrad von der Kurbelwelle angetriebene Nockenwelle wird zum Ausbau angehoben und mit einer Drehbewegung vom Kurbelwellenrad weggeschwenkt. Anschließend können bei den 34-PS- und allen größeren Motoren die Nockenwellenlagerschalen herausgenommen werden (die älteren 25- und 30-PS-Aggregate besitzen noch keine separaten Lagerschalen, sondern die Nockenwelle läuft hier direkt in den Lagerflächen im Kurbelgehäuse).

Dann die O-Ringe von den sechs langen Kurbelgehäusestiftschrauben abnehmen.

## KURBELWELLE AUSBAUEN UND ZERLEGEN (ABB. 5.31–5.40)

1. Vor dem Ausbau der Kurbelwelle den Wellendichtring auf der Schwungradseite des Kurbelgehäuses heraushebeln (aufpassen, dass der Dichtringsitz im Gehäuse nicht zerkratzt wird). Dann die Kurbelwelle an den beiden nach oben zeigenden Pleuelstangen greifen, aus der Kurbelgehäusehälfte herausheben und auf einer sauberen Unterlage ablegen.
2. Die Hauptlagerschalen der Lagerstelle Nr. 2 können nun aus den Kurbelgehäusehälften herausgenommen werden. Alle Passstifte für die Hauptlagerführung ebenfalls herausnehmen und in einer Plastiktüte ablegen.

*Abb. 5.31 Kurbelwelle an den Pleuelstangen aus dem Kurbelgehäuse herausheben.*

*Abb. 5.32 Die Lagerschalenhälften von Hauptlager 2 aus den Gehäusehälften herausnehmen. Alle Passstifte an den Hauptlagerstellen ausbauen und in einer Plastiktüte verpacken. Alle Stößel herausnehmen.*

*Abb. 5.33 Abstandsscheiben für Kurbelwellen-Axialspiel abnehmen und in einer Tüte verpacken und das Hauptlager 1 von der Kurbelwelle abziehen.*

## SICHERHEITSHINWEIS

Im Interesse der Arbeitssicherheit alle brennbaren Flüssigkeiten und Bauteile wie Benzinpumpe und Vergaser aus dem Arbeitsbereich entfernen, bevor die Lötlampe zum Einsatz kommt.

3. Die Kurbelwelle läuft in vier Hauptlagern. Drei davon sind einteilige Lagerbuchsen. Das Hauptlager 1 kann auf der Schwungradseite zusammen mit den Abstandsscheiben für das Axialspiel von der Kurbelwelle abgeschoben werden. Hauptlager Nr. 2 besteht – wie bereits erläutert – aus zwei Lagerhälften, die in der linken bzw. rechten Kurbelgehäusehälfte sitzen.
4. Hauptlager 3 und 4 lassen sich erst nach weiteren Zerlegearbeiten an der Kurbelwelle ausbauen. Zuerst müssen auf der Riemenscheibenseite der Welle die Scheibenfeder und anschließend die konkave Ölablenkscheibe abgenommen werden. Dann kann auch Hauptlager 4 ausgebaut werden.

*Abb. 5.34 Scheibenfeder aus der Nut auf der Riemenscheibenseite der Kurbelwelle herausnehmen.*

*Abb. 5.35 Die konkave Ölablenkscheibe abnehmen.*

*Abb. 5.36 Hauptlager 4 abziehen.*

*Abb. 5.37 Die Schwungradbefestigungsschraube in den Kurbelwellenflansch eindrehen und die Kurbelwelle senkrecht in einen Schraubstock einspannen. Alle Pleuelstangen abnehmen.*

5. Schwungradschraube in die Kurbelwelle eindrehen und den Kurbeltrieb an der Schwungradschraube senkrecht in einem Schraubstock fixieren. Pleuelmuttern losdrehen, Pleuel von der Kurbelwelle abnehmen und die Pleuellagerschalen mit einem schmalen Schlitzschraubendreher vorsichtig (ohne die Lagerflächen zu zerkratzen) aus dem Pleuel und Pleueldeckel heraushebeln.

*Abb. 5.38 Neben den ausgebauten Pleuelstangen sind hier die Pleuellager, die Scheibenfeder und die Ölablenkscheibe zu sehen.*

*Abb. 5.39 Den vor den Antriebsrädern sitzenden Sicherungsring mit einer Sicherungsringzange mit flachen Backen abnehmen.*

*Abb. 5.40 Mit einem geeigneten Abzieher die beiden Antriebsräder und den Zwischenring von der Kurbelwelle abziehen. Hauptlager 3 von der Kurbelwelle abnehmen.*

6. Mit einer passenden Sicherungsringzange den Sicherungsring vor dem Verteilerantriebsrad und danach das Antriebsrad ausbauen. Die üblichen Sicherungsringzangen mit spitzen Enden sind hierfür ungeeignet. Stattdessen muss eine Ringzange mit abgeflachten, breiten Enden beschafft werden, mit denen die Sicherungsringenden gegriffen und aufgespreizt werden können.
7. Einen geeigneten Abzieher (siehe Abbildung) so ansetzen, dass die Klauen hinter dem Nockenwellenantriebsrad greifen, Antriebsrad mit kochendem Wasser oder einer Lötlampe anwärmen, damit es sich dehnt und auf seinem Wellensitz lockert, und die Spannschraube des Abziehers anziehen, so dass die Zahnräder von der Kurbelwelle herunterwandern. Nun kann auch der Zwischenring zwischen Verteilerantriebsrad und Nockenwellenantriebsrad ausgebaut werden.

   Bei einem normalen Zahnradabzieher kann es allzu leicht passieren, dass das Antriebsrad beschädigt wird und beim Motorzusammenbau erneuert werden muss. Siehe nächsten Abschnitt.
8. Wer eine Hydraulikpresse zur Verfügung hat, kann die Antriebsräder und den Zwischenring von der Kurbelwelle demontieren, nachdem der Sicherungsring des Nockenwellen- und des Verteilerantriebsrades abgenommen wurde. In diesem Fall muss die Stützplatte unter dem Nockenwellenantriebsrad angesetzt werden, so dass der Druck des Druckstempels auf das Kurbelwellenende wirkt. Nachdem die Zahnräder entfernt wurden, können wir das Hauptlager 3 von der Kurbelwelle abnehmen. (Abb. 5.40)

## ZYLINDERKOPF ZERLEGEN (ABB. 5.41–5.44)

Benötigte Werkzeuge:

- Ventilfederzange mit ausreichend langen Armen, die den Rand des Zylinderkopfes umgreift.
- Langschenklige Spitzzange oder dünner Schraubendreher

1. Ventilfederzange mit der starren Backe am Ventilteller und der beweglichen Backe am Ventilfederteller ansetzen. Ventilfeder zusammendrücken und die Ventilkeile mit der Schraubendreherklinge aus ihrer Nut am Ventilschaft lösen (Vorsicht, dass die Keile

*Abb. 5.41 So werden die Ventilfedern mit der Ventilfederzange gespannt. Diese Ausführung hat ausreichend lange Backen, so dass sie um die Zylinderkopfränder herumgreifen kann.*

*Abb. 5.42 Bei zusammengedrückter Ventilfeder können die Ventilkeile mit einem Magneten aus ihrer Nut herausgefischt werden.*

dabei nicht in den hintersten Winkel der Werkstatt wegspringen!). Ventilkeile mit einer Spitzzange oder einem Magneten herausfischen und ablegen.

*Abb. 5.43 Ventilfeder und Ventilfederteller abnehmen.*

2. Ventilfederzange lösen und Ventilfeder und Federteller abnehmen.
3. Ventil vorsichtig durch die Ventilführung in den Brennraum drücken (zuvor etwaige Ölkohleablagerungen und Grate um die Ventilkeilnut am oberen Ende des Ventilschafts mit ölgetränktem feinem Schleifpapier gründlich entfernen) und aus dem Zylinderkopf herausziehen. Ventil mit zugehöriger Ventilfeder, Ventilkeil und Federteller nach dem Ausbau sofort kennzeichnen und in einer Plastiktüte verstauen.
4. Jetzt ist der passende Zeitpunkt, die bereits ausgebauten Kipphebelwellen noch weiter zu zerlegen. Sprengring am Wellenende abnehmen und die Einzelteile von der Welle abziehen und in der Reihenfolge des Ausbaus auf der Werkbank ablegen.

*Abb. 5.44 Explosionsdarstellung der Einzelteile der Kipphebelwelle. Diese Welle stammt aus einer 30-PS-Ausführung, der grundsätzliche Aufbau ist bei den späteren Modellen jedoch bis auf Detailunterschiede identisch.*

KAPITEL 6

# KONTROLLE DER MOTORBAUTEILE

## KURBELGEHÄUSE

Wenn der Motor vor dem Ausbau bereits erheblich ölverdreckt war, kommen hierfür mehrere Ursachen in Betracht:

- Infolge verschlissener Kolbenringe und/oder Zylinder gelangen Abgase an den Kolbenringen vorbei ins Kurbelgehäuse, so dass sich dort zu hoher Druck aufbauen kann und Öl am Kurbelgehäuseentlüfter oder auf der Riemenscheibenseite der Kurbelwelle oder an einer anderen Stelle austreten kann.
- Die Dichtungen zwischen Ölkühler und Kurbelgehäuse sind schadhaft.
- Der vordere Wellendichtring an der Kurbelwelle ist undicht.
- Es wurde zuviel Öl in das Kurbelgehäuse eingefüllt, so dass das überschüssige Öl auf der Riemenscheibenseite des Kurbelgehäuses austreten kann.
- Riss im Kurbelgehäuse.

Wer einen Riss im Kurbelgehäuse vermutet, sollte den Motor in einer Werkstatt im Teilereinigungsbad gründlich reinigen lassen. Sobald wirklich der gesamte Schmutz entfernt wurde, prüfen wir beide Gehäusehälften sorgfältig auf Rissbildung. Verdächtige Stellen wärmt man einige Sekunden lang mit einer geeigneten Vorrichtung an. Durch diesen Anwärmprozess weitet sich der Riss soweit auf, dass er besser zu erkennen ist, bzw. an der Rissstelle schwitzt eingesickertes Öl erkennbar aus. An der linken Kurbelgehäusehälfte ist die Rissgefahr etwas größer, da hier die Hauptölbohrung zwischen Ölkühler und Öldruckgeber verläuft. Ein Riss zwischen der Öldruckgeberbohrung und der oberen hinteren Zylinderkopfstiftschraube ist nichts seltenes, ebenso ein Riss am Gehäuse an der Kupplungsseite in der Nähe von Zylinder 3. Hier sollte auch die Kupplungsseite der rechten Kurbelgehäusehälfte überprüft werden. Im Zweifelsfall sollte der Rat einer Fachwerkstatt für luftgekühlte VW eingeholt werden.

Problematisch sind auch die Hauptlagersitze. Sind bei der Kontrolle Grate oder Riefen erkennbar, vor allem im mittleren Bereich, in dem die Hauptlagerschalen im Gehäuse sitzen, muss das Gehäuse bei einem Motoreninstandsetzer fluchtend gebohrt werden. Auch hier verschafft im Zweifel nur der Gang zur Fachwerkstatt Aufschluss über die notwendigen Arbeiten.

Ausgerissene Aufnahmegewinde für die Zylinderstiftschrauben sind ebenfalls keine Seltenheit und führen dazu, dass sich der Zylinderkopf lockert. Manchmal ist dies bei laufendem Motor durch ein pfeifendes oder puffendes Geräusch zu erkennen. Eine Gehäusereparatur ist durch den Einbau von Stahl-Gewindeeinsätzen möglich. Ab 1971 besaßen die Kurbelgehäuse bereits ab Werk derartige Gewindeeinsätze.

## DIE KURBELWELLE

Die Haupt- und Pleuellagerzapfen müssen absolut zylindrisch und frei von Riefen und Kratzern oder Verfärbungen (Anlaufspuren – ein Indiz für Überhitzung) sein und eine spiegelblanke Oberfläche aufweisen. Dazu sind alle Lagerzapfen mit einer Bügelmessschraube zu vermessen. Die maximale Unrundheit darf an keiner Stelle des Lagerzapfens mehr als 0,03 mm betragen. Bei größerer Unrundheit muss die Kurbelwelle bei einem Motoreninstandsetzer auf das nächste Reparaturmaß nachgeschliffen werden. Die Haupt- und Pleuellager sind in Über- und Untermaßen für fluchtend gebohrte Gehäuse und nachgeschliffene Kurbelwellen lieferbar.

## DIE NOCKENWELLE

Nocken und Lagerzapfen auf Verschleiß prüfen und im Zweifel eine neue Nockenwelle einbauen. Die Nockenlaufflächen sind einsatzgehärtet. Wenn diese Härtungsschicht verschlissen ist, schreitet der Verschleiß an den Nocken sehr rasch fort. Wenn der überholte Motor also lange halten soll, ist eine neue Nockenwelle unbedingt empfehlenswert. Die Nockenwellenlager erneuern wir bei dieser Gelegenheit ebenfalls. Ausgenommen sind lediglich die 25- und 30-PS-Motoren, bei denen die Nockenwelle direkt im Lagersitz im Kurbelgehäuse läuft.

## KOLBEN UND ZYLINDER

Wer Kolben und Zylinder weiterverwenden möchte, sollte die Kolben auf Überhitzungsschäden prüfen, etwa auf Risse im Kolbenhemd und Fressspuren im Bereich oberhalb des obersten Kolbenrings, dem sogenannten Feuersteg. Die Zylinderlaufbahnen entwickeln im Laufe der Zeit eine spiegelglatte Oberfläche. Da macht sich ein kreuzförmiger Feinschliff mit einem Hongerät bezahlt, denn er sorgt dafür, dass die neuen Kolbenringe besser einlaufen und das Motoröl besser zurückhalten können.

*Abb. 6.1 Dieser Zylinder wird mit einem Hongerät feingehont, so dass die allzu spiegelblanke („verglaste") Oberfläche etwas angerauht wird und sie das Motoröl besser zurückhalten kann.*

## STÖSSEL

Die Anlauffläche der Stößel auf den Nocken der Nockenwelle verschleißt im Laufe der Zeit konkav. Im Zweifel auch hier neue Stößel (am besten VW-Originalteile) einbauen. Falls keine Originalteile aufzutreiben sind, sollte man sich die allerbesten Reproteile gönnen (Umfragen unter Markenkollegen geben Aufschluss über empfehlenswerte Nachfertigungen).

## STÖSSELSTANGENSCHUTZROHRE

Diese Rohre rosten häufig oder werden auf andere Weise unansehnlich. An einem generalüberholten Motor ruiniert dies oft die Optik.

Wer jedoch keine VW-Originalteile als Ersatz auftreiben kann, sollte sich die Mühe machen, die alten Rohre zu entrosten, aufzuarbeiten und an den faltenbalgförmigen Enden auf ihr Sollmaß zu strecken und wiederzuverwenden. Gerade bei diesen Schutzrohren lässt die Qualität vieler Nachfertigungsteile sehr zu wünschen übrig. Als brauchbare Alternative bieten sich auch die als Nachrüstteil lieferbaren verstellbaren Schutzrohre mit Feder an.

## DIE ÖLPUMPE

Eine eingehende Verschleißprüfung der Ölpumpe ist unabdingbar, denn die Motorlebensdauer hängt entscheidend davon ab! Das rotierende Pumpenräderpaar hinterlässt an Pumpengehäuse und -deckel im Laufe der Zeit deutliche Laufspuren. Leichte Einlaufspuren am Pumpendeckel können jedoch beseitigt werden, indem der Deckel mit einer dünnen Schicht Ventilschleifpaste oder auf einem Bogen feinkörnigem Schleifpapier auf einer planen Glasplatte abgezogen bzw. eingeschliffen wird. Dazu wird der Deckel mit gleichmäßigem Anpressdruck auf der Glasplatte in einer „Achter"-Bewegung hin- und herbewegt, bis die Einlaufspuren weggeschliffen sind. Auch die Scheibenfeder für das Antriebsrad, das in die Nockenwelle eingreift, kann sich an den Ecken abnutzen. Im Zweifel lieber eine neue Ölpumpe einbauen. Zur Kontrolle legen wir ein Haarlineal auf das

*Abb. 6.2 Der Ventilsitz wird mit einem Ventilsitzfräser (dessen Schaft in der Ventilführung zentriert und geführt wird) nachgefräst.*

*Abb. 6.3 Dieses Ventil wird auf einer Ventilschleifmaschine nachgeschliffen.*

Ölpumpengehäuse (mit eingebauten Zahnrädern) und messen das Spiel zwischen Lineal und Zahnrädern mit einer Fühlerlehre (darauf achten, dass keine Reste der Deckeldichtung mehr am Pumpengehäuse kleben!). Das Spiel darf nicht mehr als 0,1 mm betragen, andernfalls besteht die Gefahr, dass die Ölpumpe nicht den erforderlichen Öldruck aufbaut.

## DIE ZYLINDERKÖPFE

Nach dem Ausbau der Ventile die Ölkohleablagerungen aus den Brennräumen entfernen. Die gesäuberten Zylinderköpfe auf Risse kontrollieren. Bei den späteren Motoren mit 44 PS oder mehr war dies ein gar nicht so seltenes Problem. Vor allem zwischen den beiden Ventilen sowie zwischen Zündkerzensitz und Ventilsitz kann es zu Rissbildung kommen.

Falls sich der Zylinderkopf im Betrieb gelockert hat, können sich auch an der Passfläche zwischen Kopf und Zylinder Brandspuren und Pitting gebildet haben. Zur Abhilfe muss die Passfläche des Zylinderkopfes dann ganz leicht überdreht werden, bis eine absolut glatte Dichtfläche erreicht ist. Bei derartigen nachgearbeiteten Köpfen kommt dann ein Ausgleichsring zwischen Kopf und Zylinder zum Einbau.

Wenn die Ventile beim Ausbau scheinbar sehr stramm in den Führungen laufen, muss dies nicht unbedingt ein Zeichen für perfekte Ventilführungen sein, sondern kann an Ölkohlablagerungen oder Gratbildung am Ventilschaft liegen. Daher muss das über die Ventilführung überstehende Ventilschaftende vor dem Ausbau vorsichtig gereinigt und mit feinem Korn überschliffen werden, andernfalls könnten diese Ablagerungen die bis dahin noch intakte Ventilführung ruinieren. Kritischer wird es, wenn der Ventilschaft auf fast seiner gesamten Länge schwärzliche Ölkohleablagerungen zeigt. Das verbrannte Motoröl ist meist infolge defekter Kolbenringe, Zylinderlaufbahnen oder einer ausgeschlagenen Ventilführung durchgesickert.

Zur Zustandskontrolle der Ventilführung schieben wir ein neues Ventil durch die Führung, bis der Finger an der Führung anliegt. Jetzt am Ventil wackeln und prüfen, wo das Spiel am größten ist. Ein neues Ventil lässt sich am Ventilteller ca. 0,25 mm hin- und herbewegen, bei verschlissenen Führungen maximal 0,80 mm. Ist der Zylinderkopf ansonsten in Ordnung, lohnt sich oft die Erneuerung der Ventilführungen. In diesem Fall sollte man auch alle Ventile erneuern.

Die Einlassventile können nach Entfernen der Ölkohle am Ventilteller und Einschleifen in die Ventilsitze meist weiterverwendet werden. Die Auslassventile sollten wir allerdings grundsätzlich erneuern, denn sie halten aufgrund der höheren thermischen Belastung kaum länger als 100.000 km. Ein abgerissener Ventilteller kann den Motor gründlich zerstören (z. B. durch ein Loch im Kolben oder Blockieren des Kolbens). Auf jeden Fall wären dann auch neue Kolben, Zylinder und Zylinderköpfe fällig, und lediglich das Kurbelgehäuse mit dem Kurbeltrieb käme noch für eine Weiterverwendung in Betracht.

Ventilsitze prüfen und bei übermäßigem Pitting nachfräsen oder -schleifen lassen (ebenso die Dichtflächen der Ventilteller).

## DIE KIPPHEBEL-EINSTELLSCHRAUBEN

Anlagefläche der Kipphebelschrauben am Ventilschaft auf Verschleiß kontrollieren. Möglichst immer VW-Original-Kipphebelschrauben einbauen, denn manche Nachfertigungen sind zu weich und verschleißen im Rekordtempo, worauf der gesamte Ventiltrieb sehr schnell laut wird.

## DIE KUPPLUNG

Kupplungsdefekte fallen meist erst im Fahrbetrieb auf, daher ist der Einbau einer neuen Kupplung nach der Motorüberholung sinnvoll (sofern die Kupplung nicht nachweislich erst vor kurzem erneuert wurde). Im Interesse der Lebensdauer sollte stets die komplette Kupplung gewechselt werden (d. h. Druckplatte, Kupplungsscheibe und Ausrücklager).

KAPITEL 7

# KURBELWELLE EINBAUFERTIG VORMONTIEREN

Benötigte Werkzeuge:

- Molybdändisulfid- oder Grafitmontagepaste oder Motoröl
- Hammer und Körner
- Drehmomentschlüssel
- Steckschlüsselsatz (Pleueldeckelschrauben bei den meisten Motoren SW 13)
- Eigenbau-Haltevorrichtung, mit der die Kurbelwelle senkrecht in einem Schraubstock fixiert werden kann. Am besten verschweißt man dazu eine Schwungradhalteschraube mit einem kurzen Vierkantrohr
- 50-mm-Rohrstück und Hammer für die Montage der Antriebsräder auf der Kurbelwelle
- Campingkocher und alter Kochtopf, in dem die Zahnräder vor dem Einbau angewärmt werden (aber Finger weg vom Lieblingstopf der besten aller Ehefrauen!)

*Abb. 7.1 Schwungradpassstifte in die Bohrungen am Kurbelwellenende einsetzen.*

Benötigte Neuteile:

- Hauptlagersatz entsprechend dem Durchmesser der Lagerzapfen. Die Lager sind in den Untermaßen 0,25 mm, 0,50 mm und 0,75 mm sowie (je nach Modell) 1,0 mm und für den Einbau in fluchtendgebohrten Kurbelgehäusen mit Außendurchmessern in entsprechenden Übermaßen lieferbar.
- Pleuellagerschalen entsprechend dem Pleuelzapfendurchmesser (ebenfalls in den verschiedenen Reparaturmaßen lieferbar)

*Abb. 7.2 Hauptlagerzapfen 1 schmieren und das große ungeteilte Hauptlager so auf die Kurbelwelle aufschieben, dass die Passstiftbohrung zum Schwungradsitz zeigt.*

## VORBEREITENDE ARBEITEN (ABB. 7.1–7.4)

1. Falls die Kurbelwelle nachgeschliffen wurde, sämtliche Ölkanäle mit Druckluft gründlich durchblasen, um auch die letzten Reste von Spänen und Schleifstaub zu entfernen.

*Abb. 7.3 Zwei der drei Axialspiel-Abstandsscheiben auf die Kurbelwelle aufschieben.*

*Abb. 7.4 Schwungrad auf die Passstifte aufsetzen und die zentrale Befestigungsschraube mit 110 Nm anziehen. Winkeleisen-Haltewerkzeug an zwei der Schraublöcher für die Kupplungsdruckplatte am Schwungrad anbringen und damit das Schwungrad beim Anziehen der Schraube gegen Mitdrehen sichern (siehe Kapitel 5). Die Kurbelwelle ist hier zur Verdeutlichung auf einer mobilen Werkbank aufgebaut.*

2. Neue oder geschliffene Kurbelwelle mit einem Eigenbau-Haltewerkzeug senkrecht in einem stabilen Schraubstock befestigen. Alternativ die Schwungradpassstifte im Kurbelwellenende montieren, Hauptlagerzapfen 1 gut einölen bzw. mit Montagepaste bestreichen (siehe Hinweis bei Schritt 6), und dann das große ungeteilte Hauptlager so auf die Kurbelwelle aufschieben, dass die Passstiftbohrung auf der Schwungradseite liegt. Anschließend die beiden Abstandsscheiben für die Einstellung des Kurbelwellenaxialspiels und dann (bei frühen Baujahren) die Dichtung zwischen Schwungrad und Kurbelwelle sowie das Schwungrad und die Schwungradbefestigungsschraube montieren.

   Die Schwungradschraube vorläufig nur mit 110 Nm anziehen, denn sie muss vor dem Einbau der komplettierten Kurbelwelle in das Kurbelgehäuse nochmals gelöst werden. Das Schwungrad muss beim Anziehen der Schraube mit dem Winkeleisen-Eigenbauwerkzeug oder einer anderen Hilfsvorrichtung blockiert werden
3. Mit einer Fühlerlehre den Spalt zwischen Hauptlager 1 und den beiden Abstandsscheiben messen, 0,1 mm abziehen und die Differenz notieren. Hieraus errechnet sich die Dicke der dritten Abstandsscheibe.
4. Nachdem das Schwungrad montiert wurde, kann die Kurbelwelle senkrecht auf einer Werkbank aufgestellt und die übrigen Bauteile lasseb sich auf die Kurbelwelle montieren.

## KURBELWELLENANBAUTEILE MONTIEREN (ABB. 7.5–7.18)

5. Die größere der beiden Scheibenfedern in die Nut in der Kurbelwelle einlegen.

### DIE HAUPTLAGER

- Lager Nr. 1 ist das große ungeteilte Lager mit Führungsbund. Es wird auf der Kurbelwellenseite montiert.
- Lager Nr. 2 ist geteilt und besteht aus zwei Lagerschalen. Sie werden vor dem Einbau der Kurbelwelle in den mittleren Lagersitz in den Kurbelgehäusehälften eingelegt.
- Lager Nr. 3 ist das zweite große ungeteilte Lager. Im Unterschied zu Lager Nr. 1 hat es keinen Bund. Es sitzt zwischen Pleuel 4 und dem Nockenwellenantriebsrad.
- Lager Nr. 4 ist das kleine ungeteilte Lager auf der Riemenscheibenseite der Kurbelwelle.

Alle Hauptlager sind mit Bohrungen für die Passstifte im Kurbelgehäuse versehen. Die Bohrungen sitzen nicht mittig in den Lagern. Die Lager sind stets so einzubauen, dass die Bohrung zum Schwungrad zeigt.

*Abb. 7.5 Kurbelwelle senkrecht auf einer ebenen Unterlage aufstellen und die größere der beiden Scheibenfedern in ihre Nut einsetzen.*

*Abb. 7.6 Hauptlagerzapfen 3 mit Montagepaste oder Öl bestreichen und das zugehörige ungeteilte Hauptlager so montieren, dass die Passstiftbohrung zum Schwungrad zeigt.*

6. Lagerzapfen 3 mit Montagepaste oder Motoröl bestreichen. Motoröl genügt eigentlich, $MoS_2$- oder Grafitmontagepaste bietet aber besseren Schutz beim Anlaufen des Motors, bevor die Ölpumpe das Motoröl durch den kompletten Schmierkreislauf fördert. Hauptlager 3 einbauen (nicht vergessen: Die Passstiftbohrung muss zum Schwungrad zeigen).
7. Verteilerantriebsrad und Nockenwellenantriebsrad ca. 5 Minuten lang in kochendes Wasser legen. Das Verteilerantriebsrad (das aus Messing besteht) muss im Wasser unter dem Nockenwellenrad liegen, und die beiden Einstellmarken auf dem Nockenwellenrad müssen nach oben zeigen.

   Nockenwellenrad an einem Haken aus dem kochenden Wasser herausheben, dann das Zahnrad mit seiner Nut auf die Scheibenfeder ausrichten und so schnell wie möglich auf die Kurbelwelle aufschieben und mit gezielten, leichten Schlägen mit einem Gummihammer und passenden Treibdorn bis in seine endgültige Einbaulage auf der Kurbelwelle treiben (Abb. 7.7).
8. Zwischenring und danach das Verteilerantriebsrad auf gleiche Weise wie das Nockenwellenantriebsrad montieren (Abb. 7.8 und 7.9).
9. Mit einer Spezialsicherungsringzange mit breiten Enden den Haltering für das Zahnrad in seine Nut einsetzen, so dass er spielfrei in die Nut einrastet.
10. Hauptlager 4 wie beschrieben mit Montagepaste oder Öl bestreichen und so auf die Kurbelwelle aufschieben, dass die Passstiftbohrung zum Schwungrad zeigt.
11. Ölablenkscheibe mit der konkaven Seite zur Riemenscheibe auf der Kurbelwelle aufsetzen.

## SICHERHEITSHINWEIS

Die Verbrühungsgefahr beim Umgang mit kochendem Wasser sollte nicht unterschätzt werden. Die kochend heißen Zahnräder mit einem Hilfswerkzeug aus dem Wasser herausheben und beim Einbau auf der Kurbelwelle grundsätzlich Schutzhandschuhe (z. B. Schweißerhandschuhe) tragen.

*OBEN: Abb. 7.8 Zwischenring auf die Kurbelwelle aufschieben.*

*OBEN LINKS: Abb. 7.7 Die beiden Antriebsräder ca. 5 Minuten in kochendes Wasser legen. Dann ganz schnell das Nockenwellenrad herausnehmen, auf die Scheibenfeder ausrichten und so auf die Kurbelwelle aufschieben, dass die Steuerzeitenmarken zur Riemenscheibenseite zeigen. Beim Einbau das Nockenwellenrad mit einem sauberen Stahlrohrstück auf die Welle auftreiben.*

*Abb. 7.9 Das Verteilerantriebsrad (dies ist das messingfarbene Rad) auf gleiche Weise wie das Nockenwellenrad auf der Welle montieren.*

OBEN: Abb. 7.10 Sicherungsring einbauen, so dass er spielfrei in seiner Nut sitzt.

OBEN RECHTS: Abb. 7.11 Lagerzapfen 4 mit Montagepaste oder Öl bestreichen und das ungeteilte Hauptlager so auf die Kurbelwelle aufschieben, dass die Passstiftbohrung zum Schwungrad zeigt.

Abb. 7.12 Ölablenkscheibe mit der konkaven Seite zur Riemenscheibe aufsetzen.

*Abb. 7.13 Die kleinere Scheibenfeder in die Nut am Kurbelwellenende einklopfen.*

12. Die kleinere Scheibenfeder (für die Kurbelwellenriemenscheibe) in ihre Nut eindrücken.
13. Falls die Pleuel oder die Kolbenbolzenbuchsen erneuert wurden, prüfen wir vor dem Einbau, ob sich alle Kolbenbolzen leicht durch ihre Buchse durchschieben lassen.
14. Pleuellagerschalen in Pleuel und Pleueldeckel einlegen (zuvor aber nochmals prüfen, ob die Lagerflächen wirklich makellos sauber sind). Die Nase an der Lagerschale muss in der entsprechenden Aussparung im Pleuel bzw. Pleueldeckel liegen (Abb. 7.14).
15. Pleuelzapfen 3 (dies ist der Zapfen, der der Schwungradseite am nächsten liegt) nach links

*Abb. 7.15 Die angeschmiedete Markierung am Pleuel muss nach oben zeigen.*

*Abb. 7.14 Die Pleuellagerschalen in die Lagersitze einlegen, so dass die Nase der Lagerschale exakt in der Aussparung im Pleueldeckel liegt.*

ausrichten. Die Pleuel und ihre Lagerdeckel sind gepaart und lassen sich anhand der eingeschlagenen Zahlen zuordnen. Pleuel für Zylinder 3 und 4 so einbauen, dass das Pleuelauge nach rechts zeigt, die Pleuel für Zylinder 1 und 2 mit dem Pleuelauge nach links. Die angeschmiedete Markierung (eine erhabene Linie in der Mitte des Pleuelschafts) muss dabei zum Betrachter zeigen (siehe Abb. 7.15 und 7.16).

Bei den Pleueln für die 25-, 30-, 34- und manche 40-PS-Motoren werden die Pleuelschrauben durch den Pleuelfuß durchgesteckt und in das Gewinde im Pleueldeckel eingeschraubt. Bei den späteren Triebwerken sind die Pleuelschrauben im Pleueldeckel eingepresst und die Pleuedeckel werden mit Muttern mit dem Pleuel verschraubt. Diese beiden Ausführungen dürfen keinesfalls verwechselt werden. Pleuelschrauben und -muttern sollten stets erneuert werden.

Lagerflächen mit Montagepaste oder Öl bestreichen und die Pleuel auf der Kurbelwelle montieren. Schrauben und Muttern zunächst nur leicht

*Abb. 7.16 Beim Einbau der Pleuel kann man nur zu leicht durcheinandergeraten. Wir stellen die Kurbelwelle so auf, dass der Pleuelzapfen von Zylinder 3 nach links zeigt. Dann bauen wir die Pleuel für Zylinder 3 und 4 mit den Pleuelaugen nach rechts und die Pleuel für Zylinder 1 und 2 nach links ein. Die angeschmiedeten Markierungen am Pleuelschaft müssen zum Betrachter zeigen.*

anziehen. Anschließend Muttern und Schrauben mit einem Drehmomentschlüssel auf ihr endgültiges Drehmoment von 33 Nm (Muttern) und 49 Nm (Schrauben) anziehen. Beim Anziehen der Muttern und Schrauben mit einem Gummihammer leicht auf den Pleuelfuß klopfen und damit etwaige Vorspannungen beseitigen, so dass die Pleuel ihre endgültige Einbaulage einnehmen können.

Vor Modeljahr 1973 mussten die Pleuelmuttern mit einem Kerbstemmer an ihrem Flansch in eine Nut am Pleuel verstemmt und damit gegen Losdrehen gesichert werden. Bei den späteren Pleueln entfiel diese Nut und die zugehörigen Muttern mussten nicht mehr verstemmt werden. Diese Muttern lassen sich auch für die älteren Pleuel verwenden.

*Abb. 7.17 Pleuel und Pleueldeckel sind gepaart und müssen zusammen eingebaut werden. Die Nummern müssen übereinstimmen und nebeneinander liegen.*

*Abb. 7.18 Pleuelmuttern mit 33 Nm anziehen. Das Pleuel muss am Pleuelzapfen durch sein Eigengewicht und ohne schwergängige Stellen gleiten. Mutterflansch in die Nut am Pleuelfuß verstemmen.*

## KAPITEL 8

# KURBELGEHÄUSE ÜBERHOLEN

Benötigte Werkzeuge:

- Molybdändisulfid- oder Grafitmontagepaste oder Motoröl
- Hammer und Körner
- Drehmomentschlüssel
- Steckschlüsselsatz
- Eigenbau-Haltevorrichtung, mit der die Kurbelwelle senkrecht in einem Schraubstock fixiert werden kann. Dazu verschweißt man eine Schwungradhalteschraube mit einem kurzen Vierkantrohr. Alternativ kann auch das Schwungrad montiert und die zentrale Befestigungsschraube mit 110 Nm, angezogen werden, nachdem zuvor Hauptlager 1 und zwei der Axialspiel-Abstandsscheiben montiert wurden.

Benötigte Neuteile:

- Motor-Volldichtsatz
- Die überholte und vormontierte Kurbelwelle mit den Pleueln
- Dichtungsmasse
- Nockenwellenlager (außer bei den 25- und 30-PS-Motoren)
- Kurbelwellendichtring

Weitere Teile (wahlweise - je nach Zustand der Originalteile):

- Stößel
- Kipphebeleinstellschrauben
- Nockenwelle
- Ölpumpe
- Ölkühler

1. Schwungrad von der Kurbelwelle abnehmen. Dazu muss das Haltewerkzeug (Winkeleisen) an den Druckplattenschraubbohrungen eingeschraubt werden, um die Schwungradschraube (SW 36) lösen zu können.
2. Beide Kurbelgehäusehälften müssen absolut sauber sein. Alle Ölkanäle nochmals mit Druckluft durchblasen, um auch letzte Span- und Schmutzrückstände zu entfernen, vor allem, wenn an den Gehäusehälften Maschinenarbeiten durchgeführt wurden. An den Passflächen der Gehäusehälften müssen sämtliche alten Dichtungsmassenreste entfernt werden, auch an den Vertiefungen am Fuß der Stiftschrauben. Bitte die Dichtungsmassenreste aber auf keinen Fall mit einem scharfen Hilfswerkzeug entfernen, denn dabei zurückblei-

*Abb. 8.1 Passstifte in ihre Aufnahmen in den Hauptlagersitzen einsetzen – vier in der linken Kurbelgehäusehälfte, einer im Lagersitz für Hauptlager 2 in der rechten Gehäusehälfte.*

*Abb. 8.2 Lagerschalen für Hauptlager 2 in die beiden Gehäusehälften einlegen. Linke Gehäusehälfte in die Backen einer großen mobilen Werkbank oder zwischen großen Holzklötzen fixieren, so dass die Zylinderstiftschrauben nach unten zeigen.*

*Abb. 8.3 Stößel mit Montagepaste oder Motoröl bestreichen und in die Bohrungen in ihren Gehäusehälften einschieben.*

*Abb. 8.4 Nochmals prüfen, ob alle Nockenwellenlagerstellen sauber sind, und die Lagerschalen in die beiden Gehäusehälften einlegen.*

bende Kratzer könnten zu Undichtigkeiten führen. Eine Reinigung der Passflächen mit geeigneten Lösungsmitteln ist besser.

3. Passstifte für die Hauptlager in die Lagerstellen einsetzen (nicht vergessen, dass auch die Lagerstelle für Hauptlager 2 in der rechten Gehäusehälfte einen Passstift erhält). Die beiden Lagerschalen für Hauptlager 2 in ihre Lagerstellen eindrücken.
4. Stößel ölen und in ihre Bohrungen in den Gehäusehälften einschieben. Die Stößel müssen sich frei in den Stößelbohrungen auf- und abbewegen lassen.
5. Nockenwellenlager in die beiden Gehäusehälften einbauen. Dieser Arbeitsschritt entfällt bei den 25- und 30-PS-Motoren, bei denen die Nockenwelle direkt in den Lagerstellen im Motorgehäuse läuft.
6. Die Stößel in der rechten Gehäusehälfte müssen mit Halteklammern gegen Herausfallen gesichert

*Abb. 8.5 Die Stößel in der rechten Gehäusehälfte mit Federklammern gegen Herausfallen sichern. Auch ein Klecks Abschmierfett unter den Stößeln genügt oft, um die Stößel so lange zu fixieren, dass die beiden Kurbelgehäusehälften zusammengefügt werden können.*

*Abb. 8.6 Kontrollieren, ob alle drei Ausgleichsscheiben für das Axialspiel der Kurbelwelle montiert wurden. Kurbelwelle an den Pleueln für Zylinder 1 und 2 greifen und in das Kurbelgehäuse heben. Die ungeteilten Hauptlager drehen, bis die Passstifte des Kurbelgehäuses in die Bohrungen der Hauptlager einrasten.*

werden – manchmal genügt hierfür bereits ein Klecks Abschmierfett unter dem Stößel.

7. Linke Gehäusehälfte mit den Zylinderstiftschrauben zwischen den Backen einer mobilen Werkbank oder passenden Unterlegklötzen auf einer ebenen Arbeitsfläche aufstellen.
8. Die dritte Ausgleichsscheibe für das Axialspiel in der zuvor ermittelten Dicke auf die Kurbelwelle auflegen, bevor die Kurbelwelle in das Kurbelgehäuse eingesetzt wird.
9. Lagerschalen so drehen, dass die Passstiftbohrungen beim Anheben der Kurbelwelle nach unten zeigen. Kurbelwelle an den Pleueln für Zylinder 1 und 2 greifen und vorsichtig in das Kurbelgehäuse heben. Hauptlager drehen, bis die Passstifte bei allen Lagerschalen bzw. -buchsen in die Bohrungen in den Lagerschalen einrasten.

   Nockenwellenlagerschalen in die Lagerstellen in den beiden Gehäusehälften einlegen.
10. Kurbelwelle soweit drehen, dass das Antriebsrad auf der Kurbelwelle mit dem Nockenwellenrad in Eingriff kommt und dabei die einzelne Einstellmarkierung auf dem Nockenwellenrad zwischen den beiden Markierungen auf dem Kurbelwellenrad liegt. In dieser Stellung stehen die beiden Antriebsräder und damit auch Kurbelwelle und Nockenwelle richtig zueinander.

*Abb. 8.7 Riemenscheibe lose auf die Kurbelwelle aufsetzen. Kurbelwelle drehen, bis die beiden Punktmarkierungen auf dem Kurbelwellenrad von der Riemenscheibenseite aus betrachtet ungefähr 45° nach rechts zeigen. Nockenwellenrad drehen, bis es so mit dem Kurbelwellenrad in Eingriff kommt, dass seine Markierung zwischen den beiden Markierungen auf dem Kurbelwellenrad liegt. Nochmals kontrollieren, ob beide Räder richtig miteinander in Eingriff stehen.*

*Abb. 8.8 Kontrollieren, ob die Aufnahmen am unteren Ende der sechs Kurbelgehäusestiftschrauben sauber sind. Auf keinen Fall mit scharfen Werkzeugen freikratzen, da sonst Öl an diesen Stellen austreten kann. Die Dichtringe auf die sechs Stiftschrauben aufschieben und in ihre Aufnahmen am Fuß der Stiftschrauben drücken.*

*Abb. 8.9 Eine dünne Schicht Dichtungsmasse auf die Passflächen der beiden Gehäusehälften auftragen. Verschlussdeckel der Nockenwelle ebenfalls dünn mit Dichtungsmasse bestreichen und mit der konkaven Seite nach innen in der linken Gehäusehälfte montieren. Rechte Gehäusehälfte vorsichtig auf die Gehäusestiftschrauben absenken. Dabei darauf achten, dass die Stößel nicht herausfallen.*

11. Aufnahmen für die Dichtringe auf Sauberkeit kontrollieren und die Gummidichtringe auf die sechs Kurbelgehäusestiftschrauben aufschieben.
12. Nachdem wir uns nochmals vergewissert haben, dass die Passflächen der beiden Kurbelgehäusehälften makellos sauber sind, bestreichen wir beide mit einer dünnen Schicht Gehäusedichtmasse, wie sie etwa als Flächendichtung von Elring oder Loctite vertrieben wird.
13. Nockenwellenverschlussdeckel dünn und gleichmäßig mit Dichtungsmasse bestreichen und mit der konkaven Seite nach innen im Gehäuse montieren.
14. Rechte Gehäusehälfte auf die Stiftschrauben aufsetzen, dabei darauf achten, dass die Stößel nicht aus der nun oben stehenden Gehäusehälfte herausfallen und die Pleuel für Zylinder 1 und 2 in ihren Bohrungen in dieser Gehäusehälfte liegen. Gehäusehälfte in ihre Einbaulage drücken und die größeren Muttern auf die Stiftschrauben aufdrehen (je nach Modell M10 oder M12). Dann die Muttern nacheinander von innen nach außen in mehreren Schritten auf 15 Nm anziehen.

    Alle 13er Muttern mit 15 Nm und anschließend die 13er Mutter, die neben der größeren unteren Mutter neben Lager 1 sitzt, auf ihr volles Anzugsmoment von 20 Nm anziehen.

*Abb. 8.10 Die sechs 17er Muttern auf die Stehbolzen aufdrehen und von innen nach außen zunächst mit 15 Nm anziehen. Alle 13er Muttern mit demselben Drehmoment anziehen.*

Anschließend werden die größeren Muttern zuerst auf 25 Nm und dann auf 35 Nm angezogen, und danach die kleineren 13er Muttern mit 20 Nm.

Bei manchen Triebwerken aus dem Baujahr 1966 (bis Motornummer H 0398525 oder F 0991727) sitzen 17er Muttern mit integrierten Dichtscheiben am mittleren Paar. Hier darf das Anzugsdrehmoment nur 25 Nm betragen. Die vier äußeren Muttern erhalten dagegen 35 Nm.

*Abb. 8.11 Die 13er Mutter neben der vorderen unteren 17er Mutter auf ihr volles Drehmoment (20 Nm) anziehen. Dann die großen Muttern in mehreren Durchgängen auf 35 Nm anziehen.*

*Abb. 8.12 Kurbelwellendichtring am äußeren Rand mit einer dünnen Schicht Dichtungsmasse bestreichen und ins Gehäuse einpressen.*

*Abb. 8.14 Verschlussstück des Ölüberdruckventils mit neuem Dichtring in das Gehäuse einschrauben. Diesen Arbeitsschritt beim Öldruckregelventil (sofern vorhanden) wiederholen.*

*Abb. 8.15 Die beim Zerlegen des Gehäuses ausgebauten Stiftschrauben für das Ölpumpengehäuse wieder eindrehen.*

*Abb. 8.13 Kolben des Ölüberdruckventils einölen und zusammen mit seiner Feder in die Bohrung auf der Kurbelgehäuserückseite einsetzen. Öldruckregelventil (sofern vorhanden) auf gleiche Weise einbauen.*

15. Schwungraddichtring am äußeren Rand mit einer dünnen Schicht Dichtungsmasse bestreichen und mit einer passenden runden Stahlplatte als Druckstück und der Schwungradschraube als Einpresswerkzeug in das Kurbelgehäuse einpressen. Genauso gut geht dies auch mit einem planen Holzklotz als Druckstück und einigen gezielten und gleichmäßigen Hammerschlägen.
16. Kolben des Ölüberdruckventils einölen und in seine Bohrung einschieben. Danach Feder und Ventilverschlussstück montieren.

    Spätere Motoren besitzen zwei Ventile – ein Ölüberdruckventil und ein Öldruckregelventil. Beide sind gleich aufgebaut und werden auf gleiche Weise montiert. Am Verschlussstück des Ölüberdruckventils grundsätzlich einen neuen Dichtring auflegen.
17. Die beiden beim Zerlegen des Gehäuses ausgebauten Stiftschrauben für das Ölpumpengehäuse wieder eindrehen.

    Am Kurbelgehäuse und Ölpumpengehäuse dürfen keinerlei Dichtungsreste mehr vorhanden sein. Die dünnwandige kreisrunde Papierdichtung auf die Ölpumpenstiftschrauben aufschieben. Ältere Motoren besaßen M6-Stiftschrauben, spätere M8.
18. Ölpumpengehäuse am Kurbelgehäuse anbauen, so dass die Bohrung für die Antriebswelle oben liegt.
19. Die beiden Ölpumpenräder einbauen.

*Abb. 8.16 Die dünnwandige Ölpumpendichtung auf die Stiftschrauben auflegen.*

*Abb. 8.17 Ölpumpengehäuse einbauen, so dass die Bohrung für die Antriebswelle oben liegt.*

*Abb. 8.18 Ölpumpenräder in das Ölpumpengehäuse einsetzen.*

*Abb. 8.19 Dichtung für den Ölpumpendeckel auf die Stiftschrauben auflegen.*

*Abb. 8.20 Ölpumpendeckel auf das Pumpengehäuse aufsetzen und die 10er Muttern mit 10 Nm anziehen. Bei späteren Motoren mit 13er Muttern beträgt das Anzugsmoment 20 Nm.*

*Abb. 8.21 Kurbelgehäuse auf die Seite oder mit dem Schwungrad nach unten kippen und die erste der Ölsiebdichtungen auflegen.*

*Abb. 8.22 Ölsieb auf die Stiftschrauben aufsetzen, danach die zweite Dichtung und den Ölsiebverschlussdeckel auflegen. Die 10er Muttern nur mit 10 Nm anziehen.*

20. Die Papierdichtung (die mit dem breiteren Rand) auflegen und danach den Ölpumpendeckel montieren.
21. Die 10er Muttern an der Ölpumpe mit 10 Nm und die 13er Muttern mit 20 Nm anziehen.
22. Kurbelgehäuse nach vorne auf den Kupplungsflansch kippen und die erste der beiden Dichtungen auf die Stiftschrauben für den Ölsiebträger und den Ölsiebverschlussdeckel aufschieben.

    Ölsieb, die zweite Dichtung und dann den Ölsiebverschlussdeckel montieren. Die 10er Hutmuttern nur mit 10 Nm anziehen.
23. Bei älteren Typ 1 und Typ 2 (vor Modell 1967) saß zwischen Kurbelwelle und Schwungrad eine Papierdichtung, spätere Baujahre besaßen an dieser Stelle dagegen einen O-Ring in einer Nut im Schwungrad am Flansch zum Kurbelwellenende. Wenn am Schwungrad eine O-Ring-Nut in der Innenbohrung an der Kurbelwellenaufnahme vorhanden ist, darf also zwischen Kurbelwelle und Schwungrad keine Dichtung zwischengelegt werden. Die bei früheren Modellen verwendete Papierdichtung ist heute noch in vielen Volldichtsätzen enthalten. Szeneberichten zufolge wurde sie später öfters durch einen Metalldichtring ersetzt, da die Schwungräder sich gelegentlich gelockert haben sollen, wenn die Papierdichtung sich im Laufe der Jahre durch Alterung in Wohlgefallen auflöste.

    Schwungrad auf die Passstifte aufsetzen und die Schwungradschraube eindrehen.

    Das Eigenbau-Blockierwerkzeug an zwei der Bohrungen für die Kupplungsdruckplattenschrauben am Schwungrad befestigen.

    Schwungradschraube mit 300 Nm (bzw. auf das für den jeweiligen Motor vorgeschriebene Drehmoment) anziehen. Zum Anziehen auf dieses hohe Drehmoment sollte der Motor am besten auf dem Boden stehen (siehe Kapitel 5, Schwungrad ausbauen).

*Abb. 8.23 O-Ring in seine Aufnahme im Schwungrad einlegen, Schwungrad auf die Passstifte der Kurbelwelle aufsetzen und die zentrale Schwungradbefestigungsschraube (SW 36) von Hand anziehen. Dann den Motor auf den Boden stellen und das Winkeleisen-Haltewerkzeug an zwei der Gewindebohrungen für die Druckplatten-Befestigungsschrauben festschrauben. Haltewerkzeug an seinem Ende mit einem Holzklotz oder einem freistehenden Schraubstock fixieren. Die 36er Schraube wird mit 300 Nm (bzw. bei bestimmten Sonderausführungen mit bis zu 350 Nm) angezogen.*

24. Vor dem Einbau der Kurbelwellenriemenscheibe montieren wir die Verblechung zwischen Riemenscheibe und Kurbelgehäuse. Sie ist mit zwei Schrauben befestigt, lässt sich nach dem Einbau der Riemenscheibe aber nicht mehr montieren.

    Kurbelwellenriemenscheibe am Kurbelwellenende aufsetzen und 30er Schraube mit 45 Nm festziehen.
25. Kupplungsmitnehmerscheibe auf dem Schwungrad aufsetzen und mit einem Zentrierdorn die Keilnutverzahnung in der Mitnehmerscheibennabe so ausrichten, dass sie beim Anbau an das Getriebe mit der Getriebeeingangswelle fluchtet und mit dieser in Eingriff kommen kann. Für die Zentrierung sind Universalwerkzeuge erhältlich, am praktischsten ist jedoch eine alte Eingangswelle aus einem Schlachtgetriebe. Nachdem die Kupplungsscheibe mit dem Zentrierdorn ausgerichtet wurde, setzen wir die Kupplungsdruckplatte an und befestigen sie mit den beim Ausbau entfernten sechs Halteschrauben.

*Abb. 8.24 Das innere Riemenscheiben-Abdeckblech mit zwei M6-Schrauben an der Motorrückseite anschrauben (entweder mit Schlitzschrauben oder Sechskantschrauben SW 10).*

*Abb. 8.25 Kurbelwellenriemenscheibe auf die Scheibenfeder aufschieben und die Befestigungsschraube (SW 30) mit 45 Nm anziehen.*

*Abb. 8.26 Die Kupplungsmitnehmerscheibe mit einer alten Getriebeeingangswelle oder einem Kupplungszentrierdorn am Schwungrad ansetzen.*

*Abb. 8.27 Kupplungsdruckplatte aufsetzen und verschrauben. Die sechs Befestigungsschrauben in mehreren Durchgängen bis auf ein Enddrehmoment von 25 Nm anziehen.*

*Abb. 8.28 Das am Kupplungspedal gemessene Kupplungsspiel muss 10 bis 20 mm betragen.*

Die Druckplattenschrauben reihum mit Gefühl und gleichmäßig anziehen, damit sich die Druckplatte nicht verzieht. Druckplattenhalteschrauben mit 5 Nm anziehen.

26. Das Kupplungsspiel wird an der Pedaloberkante gemessen und muss zwischen 10 und 20 mm betragen. Modelle bis 1965 sind mit einem gebogenen Ausrückhebel an der linken Getriebeseite ausgerüstet. Die Einstellmutter ruht mit ihrem gerundeten Sockel in einer Aufnahme im Ausrückhebel. Zur Spieleinstellung sichern wir die Einstellgewindestange mit einer Gripzange gegen Mitdrehen, lösen die Kontermutter und drehen die (größere) Einstellmutter, bis das korrekte Kupplungsspiel erreicht ist. Dann die Kontermutter festziehen.

Bei den späteren Modellen ab 1965 wurde ein gerader Ausrückhebel verbaut, an dem das Kupplungsspiel durch Drehen einer großen Flügelmutter

*Abb. 8.29 Ältere Modelle bis 1965 sind mit einem gebogenen Kupplungsausrückhebel bestückt. Das Kupplungsspiel wird an der gerundeten Spezialmutter eingestellt, die in einer Vertiefung im Ausrückhebel liegt und mit einer Kontermutter gesichert wird.*

*Abb. 8.30 Ab April 1965 wurde ein gerader Ausrückhebel montiert, an dem das Kupplungsspiel durch Drehen einer Flügelmutter eingestellt werden kann.*

*Abb. 8.31 Die Flügelmutter ruht mit ihrer elliptischen Unterseite in einer entsprechenden Aussparung am Kupplungsausrückhebel.*

eingestellt wird. Die Anlageflächen der Einstellmutter und der entsprechenden Aussparung im Ausrückhebel sind elliptisch gestaltet. Zum Einstellen des Kupplungsspiels klemmen wir die Einstellstange am Seilzugende mit einer Gripzange fest und drehen die Nachstell-Flügelmutter schrittweise um je eine halbe Umdrehung, bis das korrekte Spiel erreicht ist. Die Flügelmutter muss in der Aussparung in der Anlagefläche am Ausrückhebel zu liegen kommen. Manchmal lässt sich die Flügelmutter nur sehr schwer drehen, für derartige Fälle existiert allerdings ein Spezialwerkzeug, mit dem die Flügelmutter gegriffen wird und leichter gedreht werden kann.

27. Die beiden Anlaufscheiben für die Verteilerantriebswelle auf einen langen dünnen Schraubendreher oder einen steifen Draht auffädeln (dieses Hilfswerkzeug dient als Führung für die Scheiben) und so in die Bohrung einführen, dass sie richtig in der Bohrung zu liegen kommen. Dabei vorsichtig vorgehen, damit die Scheiben nicht in das Steuerrädergehäuse fallen!

Zylinder 1 in den OT stellen, die Verteilerantriebswelle ölen und so in die Bohrung einführen, dass die mittenversetzte Führungsnut für den Verteilerantrieb auf dem Kopf der Antriebswelle parallel zur Kurbelwellenriemenscheibe liegt und das kleinere Segment zur Riemenscheibe zeigt. Für den Einbau existiert ein Spezialwerkzeug, ein passend geformter Holzdorn genügt jedoch auch (siehe Kapitel 5, Abb. 5.9).

Mit dem steifen Hilfsdraht die Distanzfeder in die Vertiefung auf der Oberseite der Verteilerantriebswelle einsetzen.

*Abb. 8.32 Vor dem Einbau der Verteilerantriebswelle werden die beiden Anlaufscheiben auf einen schlanken Schraubendreher aufgefädelt und damit in die Bohrung der Verteilerantriebswelle im Kurbelgehäuse eingeführt.*

*Abb. 8.33 Wenn Kolben 1 im OT steht, schieben wir die Verteilerantriebswelle so in das Kurbelgehäuse, dass die mittenversetzte Führungsnut auf dem Kopf der Antriebswelle annähernd parallel zur Riemenscheibe steht und das kleinere Segment zur Riemenscheibe zeigt. Der Einbau muss unter einem Winkel von ungefähr 30° zu dieser parallelen Stellung erfolgen, denn wenn die Welle mit dem Verteilerantriebsrad in Eingriff kommt, dreht sie sich im Uhrzeigersinn weiter. Dann die Distanzfeder in die Aussparung auf der Oberseite der Verteilerantriebswelle einsetzen.*

*Abb. 8.33A Bei den 1700-, 1800- und 2000-ccm-Motoren muss die mittenversetzte Nut im Kopf der Verteilerantriebswelle im Winkel von 12° zu der geraden Kante links von der Antriebswellenbohrung liegen. In dieser Ansicht liegt die Schwungradseite am oberen Bildrand.*

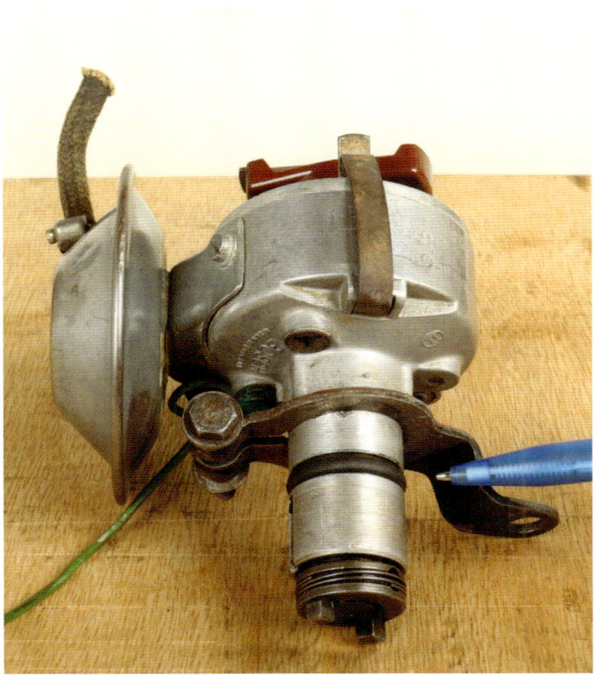

*Abb. 8.34 Einen neuen O-Ring am Verteilerschaft auflegen und den Verteiler in das Kurbelgehäuse einschieben. Verteilerwelle am Verteilerläufer drehen, bis sie mit der Verteilerantriebswelle in Eingriff kommt. Der Verteilerläufer muss genau auf die Nut am Rand des Verteilergehäuses zeigen. Klemmmutter auf der Stiftschraube am Kurbelgehäuse festziehen.*

Bei den 1700-, 1800- und 2000-ccm-Motoren muss die mittenversetzte Nut im Winkel von 12° zur Längsachse des Motors (siehe gerade Kante links von der Antriebswellenbohrung) liegen.

28. Neuen O-Ring am Verteilerschaft auflegen und den Verteiler so in den Motor einsetzen, dass er vollständig mit der Verteilerantriebswelle in Eingriff kommt. Verteilerdeckel vorerst noch nicht einbauen, aber den Verteilerläufer aufstecken (dies hilft bei der späteren Ventilspieleinstellung). Den Kolben von Zylinder 1 in den OT stellen und den Verteiler drehen, bis die Nut am Gehäuserand auf die Mitte der Kontaktfläche am Verteilerläufer zeigt. Klemmhalterung an der Stiftschraube hinter dem Verteilergehäuse auf dem Kurbelgehäuse mit einer 13er Stecknuss festschrauben und die Klemmmutter mit einem 10er Schraubenschlüssel anziehen.
29. Die Ventile müssen beim Verbrennungsvorgang geschlossen sein. Dazu ist geringes Spiel im Ventiltrieb notwendig. Dieses Spiel wird an den Einstellschrauben an den Kipphebeln auf den Zylinderköpfen gemessen und eingestellt.

    Einstellung des Ventilspiels siehe Kapitel 2.

## DIE 1700-, 1800- UND 2000-CCM-MOTOREN (TYP 4) (ABB. 8.35–8.39)

Der Zusammenbau des Motors erfolgt bei diesem Baumuster im Wesentlichen wie beim Typ 1, allerdings sind einige Detailunterschiede zu beachten.

*Abb. 8.35 Kühlgebläsenabe auf die Scheibenfeder in der Kurbelwelle ausrichten und aufschieben, die zentrale Halteschraube eindrehen und mit 32 Nm anziehen.*

*Abb. 8.36 Vor dem Einbau des Schwungrades den Zustand des Führungslagers für die Getriebeeingangswelle in der Kurbelwelle prüfen.*

Auf der Riemenscheibenseite dieses Motors sitzt ein Wellendichtring und keine konkave Ölablenkscheibe wie beim Typ 1. Der Wellendichtring wird auf gleiche Weise wie der schwungradseitige Wellendichtring erneuert.

Zum Einbau der Kühlgebläsenabe schiebt man die Nabe über die Scheibenfeder in der Kurbelwelle, schraubt die zentrale Halteschraube ein und zieht sie auf 32 Nm an.

Wenn ein neues Führungslager für die Getriebeeingangswelle fällig ist, muss es mit dem Filzring zum Kurbelwellenende in die Kurbelwellenaufnahme eingeschoben werden. Dabei die Nadellager mit Abschmierfett bestreichen und den Filzring am äußeren Lagerende mit etwas Motoröl einölen.

Das Schwungrad ist mit fünf Halteschrauben und einer dünnen Metallunterlegplatte auf der Kurbelwelle befestigt. Der O-Ring in der Nut am Schwungrad ist grundsätzlich zu erneuern. Achten Sie darauf, dass der Passstift bei der Ausrichtung des Schwungrades auf die Kurbelwelle nicht beschädigt wird. Anschließend eine neue Fünfloch-Schraubenunterlegplatte auflegen und die fünf 17er Schrauben eindrehen und mit 110 Nm festziehen.

Die Kurbelgehäusehälften sind mit Zugankerschrauben miteinander verschraubt. Die sechs Hauptlagerschrauben haben M10-Gewinde, die Schrauben um die Flansche M8-Gewinde.

Jeder Zylinderkopf besitzt eine zweigeteilte Kipphebelwelle, d. h. je eine Welle pro Zylinder. Vor dem Einbau der Stößelstangenschutzrohre ziehen wir die Zylinderkopfschrauben auf ihr Solldrehmoment an und bauen das Leitblech unter den Zylindern und Köpfen ein. Sitzen die Stößelstangenrohre erst einmal an ihrem Platz, lassen sich die Leitbleche nicht mehr einbauen.

*Abb. 8.37 Neuen O-Ring in die Nut im Flansch des Schwungrades einlegen. Schwungrad auf den Passstift auf der Kurbelwelle aufsetzen, neue Schraubenunterlegplatte auflegen, die fünf Schwungradschrauben eindrehen und mit 110 Nm anziehen.*

Die Stößelstangenschutzrohre werden von der Zylinderkopfoberseite her eingebaut. Die Dichtringe der Stößelstangenschutzrohre sind normalerweise auf der Zylinderkopfseite weiß (je nach Ausführung auch rot oder grün) und an der Kurbelgehäusebohrung schwarz. O-Ringe dünn mit Motoröl bestreichen und Schutzrohr mit einer Drehbewegung durch den Zylinderkopf durchschieben. Die Rohre werden mit einem Sicherungsbügel im Zylinderkopf fixiert, der an der Unterseite der Lagerböcke für die Kipphebelwellen festgeklemmt ist.

Die Auslasskanäle zeigen an den Zylinderköpfen nach unten, die Aufnahmen für die Wärmetauscher werden von unten angeschraubt und sind stets mit neuen Dichtungen einzubauen. Anzugsdrehmoment der Befestigungsmuttern 22 Nm.

*Abb. 8.38 Die Kipphebelwelle auf dem Zylinderkopf besteht aus zwei separaten Wellen für je einen Zylinder. Vor dem Einbau der Stößelstangenschutzrohre das Leitblech unter dem Zylinderkopf und den Zylindern einbauen. Die Schutzrohre werden durch den Zylinder eingeschoben und mit einem Sicherungsbügel fixiert. Beim Einbau der Schutzrohre die Dichtringe dünn mit Motoröl bestreichen und die Rohre mit einer Drehbewegung einschieben.*

*Abb. 8.39 Ein ausgebauter Zylinderkopf mit Wärmetauscher. Die Befestigungspunkte auf der Unterseite des Kopfes sind hier gut zu erkennen. Beim Einbau grundsätzlich neue Dichtungen verwenden.*

KAPITEL 9

# AUSPUFFANLAGE UND ANBAUTEILE DER TYP-4-MOTOREN (1700, 1800 und 2000 ccm) AUSBAUEN

## ÖLDRUCKSCHALTER (ABB. 9.1)

Der Öldruckschalter sitzt senkrecht direkt hinter Zylinder 4 (neben dem Ölkühler).

## ÖLKÜHLER (ABB. 9.2)

Der Ölkühler ist beim Typ 4 waagerecht zwischen Zylinder 4 und dem Kühlgebläsegehäuse angeordnet. Zwischen Kühler und Motorgehäuse sorgen zwei Gummidichtringe für die Abdichtung; der Ölkühler hat drei Befestigungspunkte.

## KRAFTSTOFFPUMPE (ABB. 9.3)

Die Benzinpumpe sitzt vor Zylinder 1 in Nähe des Schwungrades. Sie ist mit zwei 6er Innensechskantschrauben angeschraubt.

*Abb. 9.1 Der Öldruckschalter sitzt zwischen Zylinder 4 und dem Ölkühler.*

*Abb. 9.2 Der Ölkühler ist an drei Stellen befestigt und sitzt hinter dem vierten Zylinder. Die Abdichtung zwischen Ölkühler und Kurbelgehäuse übernehmen Gummidichtringe.*

*Abb. 9.3 Die Benzinpumpe befindet sich vor dem 1. Zylinder und ist mit zwei Schrauben am Kurbelgehäuse angeschraubt.*

*Abb. 9.4 Die Luftführung vor den vorderen Motorleitblechen und neben der Benzinpumpe leitet vorgewärmte Ansaugluft zum Luftfilter.*

## WARMLUFTANSAUGFÜHRUNG (ABB. 9.4 UND 9.5)

An der Motorvorderseite leitet ein Luftführungskanal neben der Benzinpumpe die Warmluft unter Zylinder 1 weiter. Dieser Luftkanal führt über die Luftleitbleche auf der Motorvorderseite und stellt über ein Adapterstück die Verbindung zum Luftfilter her.

*Abb. 9.5 Über dieses Rohr und die in Abb. 9.4 gezeigte Führung gelangt die Warmluft zum Luftfilter.*

## ÖLEINFÜLLROHR (ABB. 9.6)

Das Öleinfüllrohr und die Führung für den Ölmessstab sitzen an der Kurbelgehäuserückseite neben Zylinder 2. Das Öleinfüllrohr wird mit einer Flachdichtung zum Gehäuse abgedichtet und mit zwei Muttern befestigt. Die Ölmessstabführung verläuft durch das Kühlgebläsegehäuse und ist an ihrem Sockel mit einer Gummileitung verbunden.

## KOMPLETTES KÜHLGEBLÄSEGEHÄUSE MIT LICHTMASCHINE UND GEBLÄSE (ABB. 9.7, 9.8 UND 9.8A)

Das Kühlluftgebläse ist mit vier 13er Muttern am Motorgehäuse verschraubt.

*Abb. 9.6 Das Öleinfüllrohr ist unter dem Gebläsegehäuse hinter dem zweiten Zylinder angebracht. Die Gummileitung stellt die Verbindung zum Ölmessstabrohr her, das durch das Kühlgebläsegehäuse verläuft.*

*Abb. 9.7 Das Gebläsegehäuse mit der Drehstromlichtmaschine ist mit 13er Muttern mit dem Kurbelgehäuse verschraubt.*

*Abb. 9.8 und 9.8A Unter der Kunststoffabdeckung ist die Schraube für die Einstellung der Lichtmaschinen-Keilriemenspannung zugänglich.*

Beim Ausbau des Gehäuses kann die Drehstromlichtmaschine angebaut bleiben, nachdem Gebläse und Keilriemen abgenommen wurden. Um den Keilriemen zu erneuern oder die Riemenspannung einzustellen, muss die Abdeckung rechts am Gebläsegehäuse demontiert werden. Dann die Schwenkschraube an der Unterseite des Gebläsegehäuses lösen und die Riemenspannung verringern oder erhöhen, indem die Schraube an der Einstellschiene rechts von der Lichtmaschine etwas gelöst und die Lichtmaschine verschwenkt wird.

Das Gebläse wird mit seiner Distanzscheibe auf einem Passstift auf der Gebläsenabe positioniert. Das Gebläse ist mit drei 13er Schrauben mit der Gebläsenabe verschraubt.

## THERMOSTAT (ABB. 9.13)

Der Thermostat ist waagerecht zwischen Zylinder 1 und 2 angeordnet und über einen Seilzug und eine Rolle mit den Klappen für die Regulierung des Kühlluftstroms

*Abb. 9.10 Zwischen Gebläsenabe und Gebläse sitzt diese Distanzscheibe.*

*Abb. 9.11 Das Kühlgebläse wird auf den Passstift in der Gebläsenabe aufgesetzt und mit drei 13er Schrauben befestigt.*

*Abb. 9.9 Das Gebläse ist auf der Kurbelwellenrückseite mit der Gebläsenabe verschraubt.*

*Abb. 9.12 Das im Gebläsegehäuse eingebaute Kühlgebläse.*

Abb. 9.13 Bei der Einstellung der Kühlluftregulierklappen prüfen wir, ob der Seilzug sauber über seine Führungsrolle rechts hinten am Kurbelgehäuse läuft.

UNTEN: Abb. 9.14 Die Klappen müssen bei kaltem Motor so eingestellt werden, dass die rechte geschlossen ist und die linke den Ölkühler abdeckt. Der Einsteller für den Seilzug sitzt unter der Rückholfeder in Nähe der rechten Klappe. Hier ist der Motor von seiner Vorderseite aus zu sehen, daher ist die linke Klappe in dieser Aufnahme eigentlich die rechte Klappe, wenn man vom Heck in Richtung Wagenfront blickt.

verbunden. Bei geschlossenem Thermostat lenken die Regulierklappen die Luft vom Ölkühler weg.

Eine Feder hält den Seilzug gespannt. Wenn der Thermostat öffnet, öffnen die Regulierklappen, und die Kühlluft kann durch den Ölkühler strömen. Die Einstellung der Regulierklappen erfolgt bei kaltem Motor. Die Federspannung muss so eingestellt sein, dass die linke Klappe den Ölkühler abdeckt. Wenn die linke Klappe in ihrer unteren Stellung steht, strömt die Kühlluft am Ölkühler vorbei, bis der Motor seine Betriebstemperatur erreicht hat. Der Einsteller befindet sich links neben der rechten Klappe.

## ZYLINDERABDECKBLECHE (ABB. 9.17–9.18)

Die Zylinderabdeckbleche und alle weiteren Leitbleche müssen entsprechend den Herstelleranweisungen eingebaut werden, denn sie sorgen dafür, dass der Kühlluftstrom richtig um die Zylinderköpfe und Zylinder zirkulieren kann. Daher müssen auch die Gummidichtringe um die Zündkerzen immer in einwandfreiem Zustand sein. Die Motorbleche umschließen außerdem Rohre, die an den Wärmetauschern abzweigen. Ein Elektrogebläse über dem Motor fördert die Luft für die Innenraumheizung durch diese Rohre und den Wärmetauscher.

Abb. 9.15 Dieses Elektrogebläse im Motorraum befördert die Warmluft in den Innenraum.

*Abb. 9.16 Das elektrische Kühlgebläse leitet die Luft über dieses Rohr in den Wärmetauscher.*

*Abb. 9.17 Die linke Zylinderverkleidung umschließt das Heizungsrohr und schließt eng mit den Ansaugkanälen ab. Es ist außerdem mit der vorderen Zylinderkopfabdeckung verbunden.*

## WÄRMETAUSCHER (ABB. 9.16, 9.19 UND 9.20)

Die Zylinderköpfe des Typ 4 sind nach dem Querstromprinzip aufgebaut. Bei eingebauten Köpfen liegen die Auslasskanäle unten. An den Wärmetauschern sitzen zwei Anschlussrohre, die mit den unter dem Zylinderkopf zugänglichen Kanälen verbunden sind. Die Dichtungen zwischen den Auslasskanälen und den beiden Anschlussrohren am Wärmetauscher sind grundsätzlich zu erneuern.

*Abb. 9.18 Die rechte Zylinderverkleidung umschließt ebenfalls ein mit dem Wärmetauscher verbundenes Rohr.*

*Abb. 9.19 Der Wärmetauscher ist über zwei Rohre von unten mit dem Zylinderkopf verbunden. Die Abdichtung zwischen Zylinderkopf und Wärmetauscher übernehmen Flachdichtungen.*

*Abb. 9.20 Der Wärmetauscher am Motor. Die Lasche auf der Oberseite des Wärmetauschers dient zur Befestigung des senkrechten Heizungsanschlussrohres am Wärmetauscher.*

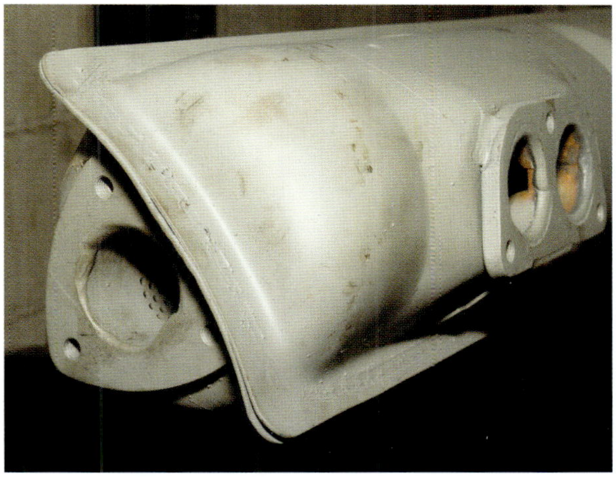

*Abb. 9.21 Der Wärmetauscher-Verbindungsflansch am Auspufftopf.*

In der Serie kamen zwei verschiedene Wärmetauscher-Ausführungen zum Einbau; die ältere Version ist an den runden Kanälen und Flanschen zu erkennen, die spätere an quadratischen Kanälen. Die beiden Ausführungen sind nicht gegeneinander austauschbar.

Bei manchen Typ 2 mit späteren 2-Liter-Motoren für den US-Markt ist die Anlage wesentlich komplizierter aufgebaut. Zwischen Zylinderkopf und Wärmetauscher sitzt hier ein separates Saugrohr. Außerdem kommen noch weitere Einbauteile hinzu. 1979 erfolgte die Umstellung auf die bereits von den Europaversionen bekannten, direkt mit den Zylinderköpfen verschraubten Wärmetauscher. Die Typ-2-Exportversionen für Kalifornien besaßen damals bereits einen Abgaskatalysator.

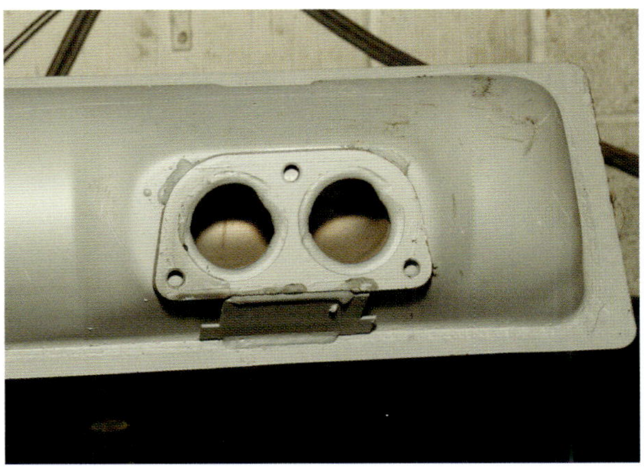

*Abb. 9.22 Das Endrohr wird an einem Dreipunktflansch am Ausgang des Auspufftopfes angeschraubt.*

## AUSPUFFSCHALLDÄMPFER (ABB. 9.21 UND 9.22)

Der Auspuff ist an einfach aufgebauten Flanschen mit 13er Schrauben mit den Wärmetauschern verschraubt. Beim Einbau müssen grundsätzlich neue Dichtungen montiert werden.

Das Endrohr ist mit drei 13er Schrauben an seinem Flansch am Auspufftopf angeschraubt.

## ZÜNDVERTEILER (ABB. 9.23)

Der Halter für den Verteiler ist mit einer Mutter (SW 13) vor dem Verteiler am Kurbelgehäuse befestigt. Zur Einstellung des Zündzeitpunkts wird die Schraube links vom Verteiler gelöst.

Die mit zwei Schrauben befestigte Strichskala am Kühlgebläsegehäuse gibt die Gradeinteilung für den Zündzeitpunkt an. Bei den meisten Modellen wird der Zündzeitpunkt auf 7,5° vor OT eingestellt (bei abgezogenem Schlauch für die Unterdruckdose). Bei Höchstdrehzahl darf die volle Frühverstellung nicht mehr als 32° betragen.

*Abb. 9.23 Der Verteilerhalter ist mit einer 13er Mutter vor dem Verteiler am Kurbelgehäuse befestigt. Mit der Schraube links vom Verteiler wird die Klemmhalterung gelockert, so dass der Zündverteiler zur Einstellung des Zündzeitpunkts verdreht werden kann.*

*Abb. 9.24 Die Strichskala am Gebläsegehäuse dient als Hilfe für die Zündeinstellung.*

## MOTORAUFNAHMEN (ABB. 9.25 UND 9.26)

Die hinteren Motoraufnahmen bestehen aus einer Kombination aus zwei mit Stiftschrauben versehenen Metallplatten. Die kürzere Stiftschraube wird mit den Haltern am Motor verschraubt, nachdem die (in Abb. 9.25 zu erkennenden) Reste der alten Motoraufhängungen entfernt wurden. Die längeren Stiftschrauben stellen die senkrechte Verbindung zum hinteren Motorträger her. Der hintere Motorträger wird an den reichlich dimensionierten Haltern an beiden Enden mit den Rahmenträgern verschraubt.

*Abb. 9.25 An diesen hinteren Motoraufnahmen sitzen noch die Reste der gerissenen Gummilager.*

*Abb. 9.26 Der hintere Motorträger wird an seinen äußeren Enden mit den Rahmenträgern verschraubt.*

KAPITEL 10

# KOLBEN- UND ZYLINDERMONTAGE

Benötigte Werkzeuge:

- Kolbenringzange
- Kolbenringspannband
- Langschenklige Spitzzange
- Fühlerlehrensatz
- Kurzer zylindrischer Stahldorn

Wer die gebrauchten Zylinder weiterverwenden möchte, sollte die Laufbahnen auf jeden Fall in einem Fachbetrieb feinhonen lassen.

Beim Einbau neuer Kolbenringe prüfen wir vorab in der Zylinderbohrung mit einer Fühlerlehre das Spiel am Ringstoß der einzelnen Ringe, das auch Rückschlüsse auf den Zylinderverschleiß zulässt. Der Spalt an den Enden der beiden Verdichtungsringe (1. und 2. Ring) darf nicht mehr als 0,90 mm betragen, der Spalt am Ölabstreifring (3. Ring) nicht mehr als 0,95 mm. Bei zu großem Stoßspiel der Kolbenringe kann der Ölverbrauch ansteigen und der Motor aufgrund von Kompressionsverlusten an Leistung verlieren. Wenn die Kolbenringe zur Messung des Stoßspiels von Kolben abgebaut werden, die mitsamt den Ringen wiederverwendet werden sollen, ist besondere Vorsicht geboten, denn die Ringe können leicht brechen.

Am besten verwendet man für die Demontage eine Kolbenringzange, mit der die einzelnen Ringe in ihrer Nut aufgespreizt und dann vom Kolben abgehoben werden können. Dann schieben wir die einzelnen Ringe mit dem Kolben als Führungswerkzeug rechtwinklig etwa 5 mm weit in die untere Zylinderöffnung ein und messen das Stoßspiel mit der Fühlerlehre. Ist das Spiel am Kolbenringsatz eines einzelnen Zylinders in Ordnung, können wir uns die Messung an den übrigen Zylindern – die in der Regel in vergleichbarem Zustand sind – meist sparen. Bei den leisesten Zweifeln am Zustand von Zylindern und Kolben sollten allerdings unbedingt Neuteile eingebaut werden. Anschließend montieren wir die Ringe mit der Kolbenringzange wieder in ihrer ursprünglichen Nut. Leichter geht der Kolbenringeinbau, wenn wir beim Aufsetzen des Kolbenrings mit der Ringzange ein dünnes Fühlerlehrenblatt an passender Stelle zwischen Ring und Kolben einschieben, damit der Ring leichter über den Kolbenschaft in seine Nut gleiten kann.

Die Kolben tragen am Kolbenboden oder am Kolbenbolzenauge eine Pfeilmarkierung. Diese muss am eingebauten Kolben zur Schwungradseite zeigen.

*Abb. 10.1 An allen Kolben den ersten Sicherungsring für den Kolbenbolzen in das Kolbenbolzenauge einsetzen*

1. Am Kolben 1 den ersten Kolbenbolzensicherungsring auf der dem Schwungrad zugewandten Seite in seine Nut im Kolbenbolzenauge einsetzen Der Pfeil auf dem Kolbenboden oder im Kolbeninneren zeigt zum Schwungrad. Das Pleuel muss dabei im oberen Totpunkt (OT) stehen.
2. Kolbenbolzen mindestens 30 Minuten lang in den Tiefkühlschrank legen.
3. Kolben anwärmen – am besten in kochendem Wasser in einem alten Kochtopf auf dem Campingkocher. Dabei Lederhandschuhe tragen, um Brandblasen bei Kontakt mit dem heißen Kolben zu vermeiden. Bevor der Kolben mit dem Pleuel zusammengebaut wird, nochmals genau prüfen, dass beim Einbau des Kolbens die Pfeilmarkierung zum Schwungrad zeigt.

*Abb. 10.2 Kolbenbolzen in den Kolben einschieben, Kolbenbolzen auf die Pleuelbuchse ausrichten und mit einem passenden Dorn durch die Pleuelbuchse und bis zum Anschlag am zuvor montierten Sicherungsring durchdrücken. Dann den zweiten Sicherungsring einsetzen.*

4. Die Kolbenbolzen nacheinander aus dem Tiefkühlschrank holen und am Arbeitsplatz bereitlegen. Kolben aus dem kochenden Wasser nehmen und nun die Kolbenbolzenbohrung genau fluchtend auf das Pleuelauge ausrichten und den Kolbenbolzen ganz schnell durch den angewärmten Kolben und das Pleuel bis zum Anschlag am bereits montierten Sicherungsring durchdrücken, so dass er richtig in den Kolbenbolzenaugen sitzt. Manchmal muss dabei mit leichten Hammerschlägen auf einen passenden Dorn nachgeholfen werden. Anschließend den zweiten Sicherungsring in seine Nut im Kolben einsetzen.

   Kurbelwelle weiterdrehen (Vorsicht, dass die Kanten des Kurbelgehäuses keine Kratzer am Kolbenhemd hinterlassen!), bis der nächste Kolben auf seinem Pleuel aufgesetzt werden kann, und die obigen Arbeitsschritte für die drei restlichen Kolben wiederholen.
5. Ränder der Zylinderbohrungen kontrollieren und alle noch vorhandenen Dichtungsreste säuberlich entfernen. Papierdichtung am Fuß von Zylinder 1 auflegen, die Kolbenringe mit einem Kolbenringspannband ganz in ihre Nuten drücken und den Zylinder auf die Stiftschrauben aufsetzen und über den Kolben und die Kolbenringe abwärtsschieben. Dabei darauf achten, dass Zylinderunterkante und Spannband immer eng aneinander anliegen, andernfalls kann ein Kolbenring im Spalt zwischen Zylinderunterkante und Spannband aus seiner Nut herausfedern und die weitere Zylindermontage blockieren.

*Abb. 10.3 Papierdichtung am gesäuberten Zylinderfuß auflegen. Kolbenringe mit einem Kolbenringspannband in ihre Nuten drücken und den Zylinder vorsichtig über die Zylinderstiftschrauben und Kolbenringe in Richtung Kurbelgehäuse schieben. Dann das Spannband abnehmen und den Zylinder bis zum Anschlag in das Kurbelgehäuse einschieben.*

*Abb. 10.4 Sobald Zylinder 1 und 2 montiert sind, muss das untere Luftleitblech eingebaut werden. Nach dem Einbau von Zylinderkopf und Stößelstangenschutzrohren lässt sich dieses Blech nicht mehr montieren.*

Sobald der Zylinder komplett über die Kolbenringe geschoben wurde, können das Spannband entfernt und der Zylinder ganz auf das Kurbelgehäuse hinabgeschoben werden.

Ein kurzes Rohrstück auf eine Zylinderstiftschraube aufschieben und mit einer Unterlegscheibe und Zylinderkopfschraube fixieren. Damit soll verhindert werden, dass sich der Zylinder bewegt, wenn die Kurbelwelle zur Montage des 2. Zylinders weitergedreht wird.

Arbeitsschritte bei Kolben und Zylinder 2 wiederholen.

6. Das untere Kühlluftleitblech einbauen. Es ist mit Aussparungen an den Halterungen versehen, die an den Zylinderkopfschrauben angebaut werden. Dieses Blech muss unbedingt vor dem Einbau des Zylinderkopfes montiert werden.

   Die obigen Arbeitsschritte für Zylinder 3 und 4 wiederholen.

KAPITEL 11

# ZYLINDERKÖPFE ÜBERHOLEN UND EINBAUEN

Benötigte Werkzeuge:

- Ventilheber
- Ventileinschleifwerkzeug
- Ventilschleifpaste
- Schlanker Schlitzschraubendreher
- Molybdändisulfid ($MoS_2$)-Montagepaste
- Schmierfett

## ZYLINDERKÖPFE ÜBERHOLEN (ABB. 11.1–11.4)

1. Egal ob die originalen Zylinderköpfe weiterverwendet oder neue Köpfe eingebaut werden sollen – es lohnt sich immer, a) die Ventile leicht einzuschleifen und b) Zylinder und Zylinderkopf aufeinander einzuschleifen, damit die Köpfe wirklich absolut gasdicht sind.

   Wer neue Zylinderköpfe einbauen will, muss zuerst die im neuen Kopf bereits montierten Ventile wieder ausbauen (siehe Kapitel 5) und die einzelnen Ventile mit ihren Einbauteilen separat kennzeichnen und eintüten, damit sie wieder an ihrer ursprünglichen Einbaustelle montiert werden können.
2. Zylinder für den Zylinderkopf auswählen und seine Einbaustellung zum Zylinderkopf mit einem Filzstift oder Tipp-Ex anzeichnen. Dann den Zylinder am oberen Rand mit etwas Ventilschleifpaste bestreichen und mit halbkreisartigen Bewegungen auf der Passfläche des Zylinderkopfs einschleifen. Dabei den Zylinder immer wieder anheben und eine Vierteldrehung weiterdrehen, so dass sich die Schleifpaste gleichmäßig verteilt. Sobald die Passfläche am Zylinderkopf ein gleichmäßig mattes Aussehen ohne Pitting-Spuren zeigt, können wir uns der nächsten Zylinderposition zuwenden. Zum Schluss sämtliche Rückstände der Ventilschleifpaste vollständig entfernen und den Vorgang bei allen anderen Zylindern wiederholen.
3. Anschließend müssen die Ventile auf den Ventilsitzen eingeschliffen werden. Dazu bestreichen wir die Sitzflächen am Ventilteller dünn mit Ventileinschleifpaste (die ggf. mit ein paar Tropfen Wasser angerührt wird). Kostspielige Nobelwerkzeuge sind für diese Arbeit entbehrlich – der altbewährte Ventileinschleifstab mit Saugnapf tut es genauso.

*Abb. 11.1 Beim Einschleifen der Ventile heben wir das Ventil am Schleifstab immer wieder vom Ventilsitz ab und drehen es ein Stück weiter, damit sich die Schleifpaste gleichmäßig verteilt. Bei starkem Pitting am Ventilsitz beginnen wir mit der gröberen Vorschleifpaste und sparen uns die Feinschleifpaste für den Endschliff auf.*

Ventilteller gründlich entfetten (damit der Saugnapf darauf hält) und Einschleifwerkzeug mit dem Saugnapf auf dem Ventilteller befestigen. Ventil in einer halbkreisförmigen Drehbewegung einschleifen. Dabei das Ventil immer wieder anheben und eine Vierteldrehung weiterdrehen, damit sich die Paste gleichmäßig verteilt. Wenn sich auf den Dichtflächen von Ventilteller und Ventilsitz eine durchgehende, dünne graue Linie abzeichnet und die Pittingspuren verschwunden sind, können wir mit dem nächsten Ventil weitermachen. Ventil und Ventilsitz nach getaner Arbeit peinlichst sauber reinigen, damit auch die letzten Reste der Ventilschleifpaste verschwinden.

4. Vor dem Ventileinbau den Ventilschaft mit $MoS_2$-Paste bestreichen und durch die Ventilführung durchschieben.

   Ventilfeder so aufsetzen, dass die engeren Windungen zum Zylinderkopf zeigen. Dann den Federteller auflegen und die Feder mit dem Ventilfederspanner zusammendrücken, so dass die Nuten für die Ventilkeile zugänglich sind.

   Die beiden Ventilkeile einfetten und mit einem Klecks Schmierfett an der Schraubendreherklinge in die Nut im Ventilschaft einlegen, so dass die Schmalseite der Keile zum Ventilteller zeigt. Wenn beide Ventilkeile satt am Ventilschaft anliegen, den Federspanner lösen, so dass der Federteller seine endgültige Position einnimmt und die Ventilkeile in der Nut im Ventil fixiert. Diese Montageschritte bei allen anderen Ventilen wiederholen.

## ZYLINDERKÖPFE EINBAUEN (ABB. 11.5–11.10)

1. Beim Typ 1 vor dem Einbau der Stößelstangenschutzrohre die Dichtringe auf die Rohre aufschieben. Die 1700-, 1800- und 2000-ccm-Motoren des Typ 4 sind hier anders aufgebaut: Dort sind die Dichtringe als O-Ringe gestaltet und die Schutzrohre werden nach dem Einbau der Zylinderköpfe montiert und mit einer Drehbewegung in ihren Sitz geschoben. Anschließend werden sie mit einem Sicherungsbügel arretiert, der den Dichtring am Zylinderkopf unter Spannung setzt und seinerseits in einer Nut am Kipphebelwellenlagerbock einrastet.
2. Beim Typ 1 den Zylinderkopf auf die Stehbolzen / Zuganker aufschieben und die Stößelstangenrohre in ihre Einbaulage einführen, so dass die Naht

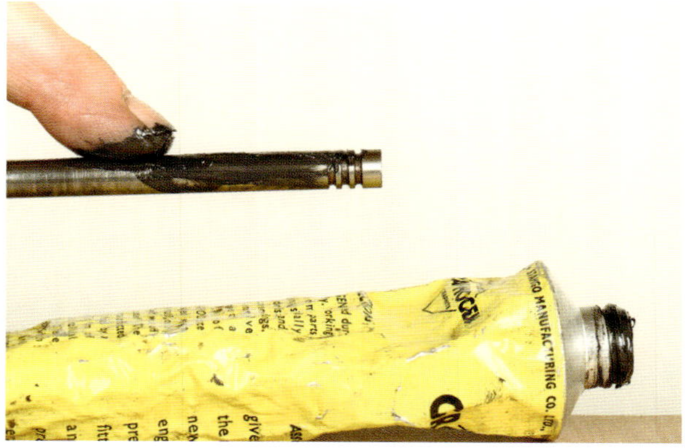

*Abb. 11.2 Ventilschaft mit Motoröl oder Grafit- oder $MoS_2$-Paste bestreichen und Ventil in die Ventilführung einschieben.*

*Abb. 11.3 Ventilfeder und Ventilfederteller auf das Ventil aufsetzen und mit einem Ventilfederspanner zusammendrücken, bis die Nuten für die Ventilkeile freiliegen. Die beiden Ventilkeile vorsichtig in die Keilnut einsetzen und mit etwas Abschmierfett in der Nut fixieren.*

*Abb. 11.4 Wenn der Federspanner gelöst wird, entspannt sich die Feder und der Federteller fixiert die Keile sicher in ihrer Nut im Ventilschaft.*

nach oben zeigt. Zylinderkopf weiter auf die Stehbolzen aufschieben und dabei darauf achten, dass die Dichtringe der Schutzrohre spielfrei in der Bohrung im Kurbelgehäuse und im Zylinderkopf liegen.

3. Alle Unterlegscheiben und Muttern auf die Stehbolzen aufsetzen und die Muttern zunächst in mehreren Durchgängen in der in Abb. 11.6 angegebenen Reihenfolge mit 10 Nm anziehen. Anschließend die Muttern in mehreren Durchgängen in der Reihenfolge gemäß Abb. 11.7 auf 32 Nm anziehen. Diese letztere Reihenfolge gilt auch für beide Anziehschritte an den 1700-, 1800- und 2000-ccm-Motoren des Typ 4 – im ersten Schritt auf 15 Nm, im zweiten Schritt auf 32 Nm.
4. Stößelstangen einbauen. Wir hatten sie ja beim Ausbau gekennzeichnet und können sie jetzt an ihrer ursprünglichen Stelle einbauen. Wenn allerdings die Stößel erneuert wurden, ist diese Paarung nicht mehr unbedingt von Belang.

*OBEN: Abb. 11.5 Beim Einbau der Stößelstangenrohre beim Typ 1 müssen die Dichtringe genau winkelrecht in ihren Bohrungen sitzen.*

*MITTE: Abb. 11.6 Beim Typ 1 werden die Zylinderkopfmuttern im ersten Anziehschritt in der hier gezeigten Reihenfolge mit 10 Nm angezogen.*

*UNTEN: Abb. 11.7 Im zweiten Schritt werden die Muttern beim Typ 1 in dieser Reihenfolge mit 32 Nm angezogen.*

*Abb. 11.8 Dichtringe auf die Stiftschrauben der Kipphebelwellen aufschieben.*

*Abb. 11.9 Beim Typ 1 die Kipphebelwellen einbauen und ihre Muttern mit 25 Nm anziehen. Bei den 1700-, 1800- und 2000-ccm-Motoren des Typ 4 die 11er Muttern mit 14 Nm anziehen.*

5. Neue O-Ringe auf die Stiftschrauben der Kipphebelwellen aufschieben. Die Dichtungen wurden im Laufe der Bauzeit geändert, also montieren wir genau die Ausführung, die beim Zerlegen zum Vorschein kam.
6. Kipphebelwelle aufsetzen und dabei die Kugelpfannen der Kipphebel exakt auf die Stößelstangen ausrichten. Die 13er Muttern mit 25 Nm anziehen. Falls die Kippwellen zur Reinigung zerlegt worden waren, müssen beim Einbau die Nuten in den Kipphebellagerböcken nach oben zeigen.

   Der Typ 4-Motor (1700, 1800 und 2000 ccm) besitzt pro Zylinderkopf zwei Kipphebelwellen. Seine 11er Haltemuttern werden mit 14 Nm angezogen. Die Stößelstangen müssen satt in den Kugelpfannen der Kipphebel liegen. Bei diesen Motoren zeigen die Schlitze in den Kipphebellagerböcken nach unten. Dabei wird der Sicherungsbügel der Stößelstangenschutzrohre unter Spannung gesetzt.
7. Ventilspiel nach dem Einbau der Zylinderköpfe auf 0,15 mm einstellen (sofern nicht auf einem Aufkleber am Gebläsegehäuse ausdrücklich ein anderer Einstellwert angegeben ist). Die Ventilspieleinstellung ist in Kapitel 2 beschrieben.

*Abb. 11.10 Beim Typ 1 zeigt der Schlitz an den Kipphebellagerböcken nach oben, bei den 1700-, 1800- und 2000-ccm-Motoren nach unten.*

KAPITEL 12

# ANBAUTEILE UND AUSPUFFANLAGE DER TYP-1-MOTOREN EINBAUEN

Benötigte Werkzeuge:

- Steckschlüsselsatz mit ⅜- oder ½-Zoll-Antrieb oder Ringschlüsselsatz (SW 8 bis 22)
- Zange
- Innensechskantschlüssel SW 5 und SW 6

Vor dem Einbau der Anbauteile am Motor sollten sämtliche Luftleit- und Abdeckbleche gründlich gereinigt und erforderlichenfalls neu lackiert werden. Bei besonders rostigen Blechen lohnen sich Sandstrahlbehandlung und anschließende Grundierung respektive Oberflächenbeschichtung, bevor der Decklack aufgetragen wird.

## MONTAGE DER ANBAUTEILE (ABB. 12.1–12.30)

1. Die beiden Zylinderverkleidungsbleche mit je zwei Blechschrauben an den Zylinderköpfen anschrauben.

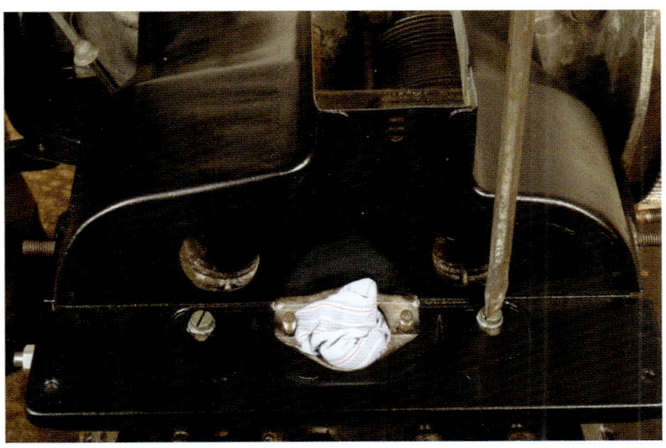

*Abb. 12.1 Die Zylinderbleche mit einem Schlitzschraubendreher an den Zylinderköpfen befestigen.*

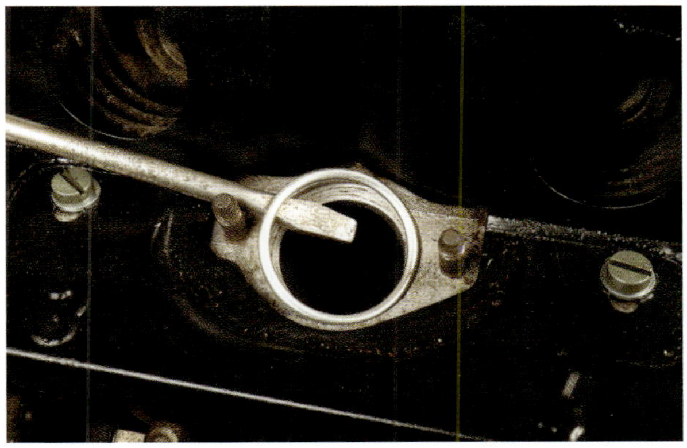

*Abb. 12.2 Bei allen Einkanalmotoren sitzt zwischen Zylinderkopf und Saugrohr ein Dichtring.*

2. Die Dichtringe bzw. Flachdichtungen, die vor dem Anbau des Saugrohrs aufgelegt werden müssen, aus dem Dichtungssatz bereitlegen. Bei den meisten Modellen sitzt zwischen Saugrohr und Zylinderkopf ein Dichtring.

   Anders sieht es bei den späteren 1300-ccm- und 1600-ccm-Motoren mit Doppelkanalköpfen aus. Diese Zylinderköpfe wurden ab 1971 produziert und sind mit dreiteiligen Saugrohren bestückt, die mit Gummimanschetten und Halteklammern am Motor befestigt werden. Da die Gummimanschetten im Laufe der Zeit durch Alterung undicht werden, sollten sie bei der Motorüberholung mit erneuert werden.

   Bei allen Modellen mit Ausnahme der Doppelkanalmodelle werden die Metalldichtringe in die Ansaugkanäle an den Zylinderköpfen eingelegt, dann wird das einteilige Saugrohr so angesetzt, dass es nicht unter Spannung steht, und die 10er Befesti-

*Abb. 12.3 Das einteilige Saugrohr auf die Stiftschrauben am Zylinderkopf aufschieben und die Muttern mit 10 Nm anziehen. Bei diesem geringen Anzugsmoment ist etwas Feingefühl erforderlich, da mit einem Steckschlüssel rasch höhere Momente erreicht werden.*

*Abb. 12.4 Hier sehen wir oben die Saugrohrdichtungen für die Motoren mit Doppelkanalkopf, darunter die Auspuffdichtungen und -schellen.*

gungsmuttern angezogen. Vorsicht, dass die Gewinde nicht beschädigt werden – das Anzugsmoment beträgt hier nur 10 Nm.

Bei den Doppelkanalmotoren bringen wir die drei Saugrohrteile zuerst lose am Motor in Position und schieben dann die Flachdichtungen auf die Stiftschrauben an den Zylinderköpfen auf.

Dann das Saugrohr am Zylinderkopf ansetzen und die beiden äußeren Teile auf die Stiftschrauben am Zylinderkopf aufschieben. Dies erfordert aufgrund der Winkelstellung der Stiftschrauben mitunter etwas Fingerspitzengefühl. Anschließend die 13er Muttern aufdrehen und die Saugrohre am Zylinderkopf festziehen.

Nun noch die Gummimanschetten in ihre Einbaulage schieben, so dass sie spielfrei anliegen, und die Halteschellen festziehen.

3. Die Gummidichtungen für den Ölkühler aus dem Dichtungssatz bereitlegen. Sie müssen den beim Zerlegen des Motors ausgebauten Dichtungen ent-

*Abb. 12.5 Flachdichtungen auf die Stiftschrauben der Ansaugkanäle auflegen und danach das Doppelkanal-Saugrohr aufschieben. Der Schraubenschlüssel muss absolut spielfrei auf den Muttern sitzen, um ein Runddrehen der Sechskante zu vermeiden.*

*Abb. 12.6 Die Einzelteile des Doppelkanal-Saugrohrs sind mit Zwischenstücken und Schlauchschellen miteinander verbunden. Der Kunststoffhalter am Kühlgebläsegehäuse soll die Zündkerzenkabel in der äußeren Einbaulage halten (in der Mitte verläuft die Benzinleitung).*

*Abb. 12.7 Hier sind die verschiedenen Dichtringvarianten für den Ölkühler zu sehen, die in den Dichtungssätzen enthalten sind. Die zylindrischen schwarzen Dichtringe im Vordergrund passen an die meisten Einzelkanalmotoren. Grundsätzlich sollte immer die Dichtringausführung montiert werden, die beim Zerlegen ausgebaut wurde. Bei späteren Modellen mit Ölkühler auf einem Zwischenflansch müssen vier Dichtringe montiert werden.*

sprechen. Je nach Modelljahr kamen unterschiedliche Ausführungen zum Einsatz. 1970 änderte sich der Durchmesser der Ölbohrungen im Motor von 8 auf 10 mm, und die Ölkühler wurden an die größeren Ölkanäle angepasst.

Früher gab es spezielle Adapterdichtungen, mit denen der Ölkühler mit 10-mm-Ölkanälen an den älteren Motoren montiert werden konnte. An den Motoren, deren Ölkühler in einer Ausbuchtung vor dem Gebläsegehäuse (der sogenannten „Hundehütte") angeordnet ist, befindet sich ein Zwischenflansch, so dass insgesamt vier Dichtungen benötigt werden; manchmal ist die Anlage nur mit geraden Rohren montiert, manchmal befindet sich zwischen Ölkühler und Kurbelgehäuse eine Stufendichtung. Es ist also immer sinnvoll, genau die Dichtungsausführung einzubauen, die beim Zerlegen zum Vorschein kam.

4. Dichtringe in die Aufnahmen am Kurbelgehäuse einlegen und Ölkühler auf die Stiftschraube auf der Kurbelgehäuseoberseite aufsetzen. Die beiden Stiftschrauben am Ölkühler müssen durch einen Flansch in der linken Gehäusehälfte durchgeschoben werden. Muttern in mehreren Durchgängen anziehen und dabei den Ölkühler nicht verkanten, da sich sonst die Dichtringe verziehen und der Ölkanal blockiert werden könnte.

*Abb. 12.8 Der Ölkühler (bzw. der Ölkühler mit Zwischenflansch) wird mit drei 10er Muttern am Kurbelgehäuse befestigt. Eine Mutter sitzt auf der Kurbelgehäuseoberseite, zwei unter dem Halter über den Zylindern.*

*Abb. 12.9 Je eine Dichtung über und unter dem Ölablenkblech auflegen und das Blech so einbauen, dass die Anschrägung der Öffnungen nach unten zeigt (siehe Abb.).*

*Abb. 12.10 Lichtmaschinenträger auf die Stiftschrauben aufsetzen und die 13er Muttern mit 20 Nm anziehen.*

*Abb. 12.11 Hier wurde das Kühlgebläsegehäuse komplett mit den Luftleitkästen und der Verbindungsstange auf der Vorderseite zusammengebaut. Bei Doppelkanalmotoren mit „Hundehütten"-Ölkühler sollten die Verbindungsstange und die Rückholfeder erst montiert werden, nachdem das Kühlgebläsegehäuse eingebaut wurde.*

5. Bei Doppelkanalmodellen bauen wir zuerst den Zwischenflansch mit zwei Dichtringen zwischen Motorgehäuse und Flansch ein. Dann zwischen dem Flansch und dem Ölkühler zwei weitere Dichtringe auflegen und die Muttern reihum gleichmäßig anziehen, damit sich die Dichtringe nicht verziehen. Alternativ können wir die beiden Bauteile auch vorab zusammenbauen und dann als Ganzes am Kurbelgehäuse anbauen.
6. Bevor der Lichtmaschinenträger auf dem Kurbelgehäuse montiert wird, legen wir eine Dichtung auf die Stiftschrauben auf, anschließend das Ablenkblech (siehe Abb. 12.9) und eine weitere Dichtung
7. Lichtmaschinenträger auf das Kurbelgehäuse aufsetzen und die 13er Muttern mit 20 Nm anziehen.
8. Lichtmaschine am Kühlgebläsegehäuse anbauen und die vier 10er Schrauben festziehen.
9. Komplettes Kühlgebläsegehäuse über den Ölkühler heben (Vorsicht, dass keine Bauteile beschädigt werden). Die Thermostatregelstange vorsichtig durch die Bohrung im Zylinderkopf führen. Alle Bauteilkanten müssen innerhalb der Flansche der Zylinderverkleidungen liegen.
10. Die Schrauben auf beiden Seiten des Gebläsegehäuses anziehen.

*Abb. 12.12 Kühlgebläsegehäuse aufsetzen und das Themostatgestänge durch die Öffnung im Zylinderkopf durchschieben. Prüfen, ob das Gebläsegehäuse richtig innerhalb der Zylinderverkleidungsbleche sitzt. Auf beiden Seiten eine M6-Schraube eindrehen.*

*Abb. 12.13 Die Schrauben auf beiden Seiten des Gebläsegehäuses eindrehen und festziehen.*

*Abb. 12.14 Lichtmaschinenhalteband so weit zurückschieben, dass es den Lichtmaschinenträger umschließt, und das Halteband mit der 13er Mutter festziehen.*

*Abb. 12.15 Die innere Riemenscheibenhälfte auf die Keilnut der Lichtmaschinenwelle aufschieben.*

11. Lichtmaschinenhalteband so weit zurückschieben, dass es den Träger umschließt, und die 13er bzw. 14er Mutter anziehen.
12. Die innere Lichtmaschinenriemenscheibe sitzt auf einer Keilnut auf der Lichtmaschinenwelle.

    Die innere Hälfte der Einstellscheibe für den Keilriemen auf die Lichtmaschinenwelle auflegen. Keilriemen um die untere Riemenscheibe legen, an der inneren Riemenscheibenhälfte der Lichtmaschine anlegen, die äußere Riemenscheibenhälfte aufsetzen und mit den Führungszapfen auf die innere Riemenscheibe ausrichten (sie lässt sich nur in einer Stellung montieren). Die übrigen Einstellscheiben und die Tellerscheibe auf der Welle auflegen, Mutter aufdrehen und anziehen und dabei den Motor durchdrehen, damit die beiden Riemenscheibenhälften und der Keilriemen die richtige Einbaulage einnehmen können. Keilriemenspannung kontrollieren und ggf. nach der Anleitung in Kapitel 2 nachstellen. Bei den frühen Modellen sitzen die Riemenscheibenhälften auf Abflachungen auf der Nabe der Lichtmaschinenwelle.
13. Alle Modelle bis Juli 1964 und Motornummer 8 796 622 sind mit einem Kühlluftdrosselring an der Öffnung vor dem Kühlluftgebläsegehäuse ausgerüstet. Bei betriebswarmem Motor (wenn der Thermostat

*Abb. 12.16 Keilriemen um die Kurbelwellenriemenscheibe legen, die Hälfte der Einstellscheiben für die Keilriemenspannung auf die innere Lichtmaschinenriemenscheibenhälfte auflegen und danach die äußere Riemenscheibenhälfte aufsetzen. Restliche Einstellscheiben und die Tellerscheibe auflegen und die 21er Mutter aufdrehen und festziehen.*

*Abb. 12.17 Der Drosselring kam an den 25-, 30- und 34-PS-Motoren bis Motornummer 8 796 622 (Juli 1964) zum Einbau. Er ist mit zwei Schrauben an dem unter Federspannung stehenden Halter vor dem Gebläsegehäuse befestigt.*

*Abb. 12.18 Thermostat am Thermostathalter befestigen und mit den Gebläsegehäuseklappen verbinden.*

vollständig geöffnet ist) muss die Ringoberkante 22 mm vom Rand des Gebläseeinlasskanals entfernt sein.

Zur Einstellung bei kaltem Motor drehen wir die Schraube am Sockel des Thermostats heraus. Dann einen Keil am Thermostat unterschieben, so dass er am oberen Rand des Halters stehenbleibt, und den Spalt messen. Die Rückholfeder am Halter des Drosselrings lösen und die Klemmmutter lösen. Öffnungsspalt am Drosselring auf 22 mm einstellen und Klemme wieder festziehen. Rückholfeder wieder einhängen und Einstellmaß nachkontrollieren. Stimmt das Maß, drehen wir die Schraube am Thermostatsockel wieder ein. Spalt nochmals bei betriebswarmem Motor kontrollieren.

Bei allen Modellen ab August 1964 wird der Thermostathalter zuerst lose am Kurbelgehäuse angesetzt, dann der Thermostat mit dem Gestänge des Gebläsegehäuses verschraubt und mit der 13er Schraube am Halter befestigt. Zum Schließen der Klappen ziehen wir den Halter entgegen der Federspannung nach unten und ziehen den Halter am Kurbelgehäuse fest.

14. Bei allen Modellen ab August 1964 – ausgenommen die Versionen mit „Hundehütten"-Ölkühler in der Ausbuchtung im Gebläsekasten – muss vor der Vorderseite des Gebläsegehäuses die Verbindungsstange für die Luftregulierklappen unten am Gebläsegehäuse angebaut werden. An den Gelenkpunkten der Luftregulierklappen wird die Stan-

*Abb. 12.19 Der Austrittskanal für den „Hundehütten"-Ölkühler. Die Gummidichtungen müssen in einwandfreiem Zustand sein. Kanal mit einer 10er Schraube am Gebläsegehäuse befestigen. Vorher die Verbindungsstange zwischen den Luftregulierklappen einbauen.*

*Abb. 12.20 Der nach oben verjüngte Luftaustrittskasten für den „Hundehütten"-Ölkühler ist mit einer 10er Schraube mit dem Gebläsegehäuse verschraubt. Damit keine Kühlluft entweichen kann, dürfen die Gummidichtungen nicht eingerissen sein.*

ge mit einer Federklammer fixiert. Rückholfeder in die Stange und die Öffnung im Gehäuse einhängen.

Die Besonderheit der Modelle mit „Hundehütten"-Ölkühler ist die zusätzliche Ausbuchtung vor dem Lüftergehäuse. Über den nach oben verjüngten angeschraubten Blechkasten und ein Rohr durch die vordere Motorverblechung kann die Kühlluft durch den Ölkühler strömen. Vor dem Einbau des Abluftrohrs muss die Verbindungsstange zwischen den Luftleitkästen im Gebläsegehäuse montiert werden. Über Federklammern wird eine zusätzliche Verbindung der Regulierklappen mit der Stange hergestellt. Die Rückholfeder wird zwischen Gebläsegehäuse und Verbindungsstange montiert. Abluftrohr zuerst einbauen und den Zustand der Gummidichtungen an der Durchtrittstelle durch das Frontblech prüfen. Gummidichtung auf der Oberseite des Abluftrohrs montieren.

Die Gummidichtungen müssen in einwandfreiem Zustand sein und dicht mit dem nach oben verjüngten Austrittkasten zwischen Ölkühler und Abluftrohr abschließen. Beide werden jeweils von einer einzelnen 10er Schraube gehalten.

*Abb. 12.21 Die Benzinpumpendichtung auf die Stiftschrauben aufschieben.*

*Abb. 12.22 Stößelführungsrohr und Pumpenstößel einbauen.*

*Abb. 12.23 Die Benzinpumpendichtung mit der Öffnung für den Stößel auflegen.*

*Abb. 12.24 Unterseite der Benzinpumpe dünn mit Abschmierfett bestreichen, die Pumpe auf den Stiftschrauben aufsetzen und die beiden 13er Muttern festziehen.*

*Abb. 12.25 Die kleineren Bleche hinten am Motor an der Unterseite der Zylinderverkleidungsbleche anschrauben. In diesem Blech ist eine Öffnung für die Warmluftzufuhr zum Vergaser vorhanden.*

Die dünnwandige Papierdichtung auf die Stiftschrauben der Benzinpumpe aufschieben, danach das Führungsrohr für den Pumpenstößel, die Dichtung mit der Öffnung für den Stößel sowie den Stößel selbst montieren.

Der Pumpenstößel darf maximal 13 mm über dem Stößelführungsrohr überstehen. Steht er mehr als 13 mm über, müssen weitere Dichtungen untergelegt werden.

Betätigungshebel an der Pumpenunterseite mit Fett bestreichen und die Pumpe mit einem 13er Schlüssel auf den Stiftschrauben festschrauben.

15. Die unteren Motorbleche anbauen; vorne sind sie mit der Unterseite der Zylinderverkleidungen verschraubt. Mit zwei Schrauben sind sie seitlich am Kurbelgehäuse befestigt, mit zwei weiteren Schrauben an den Haltern der Wärmetauscher. Das rechte untere Motorblech besteht aus zwei Teilen; hinter dem demontierbaren hinteren Teil ist der Thermostat zugänglich. An der Motorrückseite sind noch zwei kleine Bleche mit der Unterseite der Zylinderverkleidungen verschraubt.
16. Die Betätigungshebel an den Wärmetauschern müssen leichtgängig sein. Die Metalldichtungen auf den Stiftschrauben der vorderen Auslasskanäle auflegen, den Wärmetauscher ansetzen und mit den beiden 13er Muttern festschrauben. Diese Muttern sind oft nicht leicht zugänglich. Wer einen stark abgewinkelten Schraubenschlüssel oder Starter-Blockschlüssel zur Hand hat, ist hier im Vorteil. Die beiden seitlichen Halter an den Wärmetauschern müssen unter dem unteren Motorluftleitblech liegen und werden mit zwei M6-Schrauben befestigt.

*Abb. 12.26 Metalldichtung an den vorderen Auslasskanälen auflegen und die beiden Wärmetauscher anbauen. Die beiden Halter für die Wärmetauscher müssen unter dem unteren Motorluftleitblech liegen und werden mit zwei M6-Schrauben befestigt.*

*Abb. 12.27 Motor für den Einbau des Auspufftopfes vorbereiten: Dichtungen an den Auslasskanälen hinten am Zylinderkopf und Dichtring und Metallhaltering an den Wärmetauscherrohren anbringen.*

*Abb. 12.28 Einstecktiefe der Endrohrstutzen am Auspufftopf messen. Dieses Maß auf die Endrohre übertragen und mit einem Marker anzeichnen.*

*Abb. 12.29 Dichtring und Metallring bis zur Markierung auf das Endrohr aufschieben und die Endrohre in den Auspufftopf einschieben.*

17. Zum Einbau des Auspufftopfes den Metallring und den hitzefesten Dichtring hinten am Wärmetauscherrohr und die Metalldichtungen an den Auslasskanälen hinten am Zylinderkopf anbringen.
18. Vor dem Einbau des Auspufftopfes die Endrohre montieren. Einstecktiefe der Endrohre an den Endrohrstutzen am Auspufftopf messen. Dieses Maß auf das Endrohr übertragen und mit einem Marker anzeichnen, Dichtring und Metallhaltering bis zu dieser Markierung aufschieben und Endrohre in die Rohrstutzen am Auspufftopf einschieben.
19. Rohrschellen anbringen und festschrauben.
20. Den Auspufftopf am Motor anbauen und dabei darauf achten, dass die Wärmetauscherrohre richtig in den unteren Auspufftopfrohren sitzen und die Dichtungen auf den oberen Stiftschrauben aufliegen. Auf beiden Seiten der oberen Auslasskanäle eine Mutter aufdrehen, aber erst festziehen, wenn die Vorwärmflansche richtig fluchten. Dichtungen zwischen Vorwärmleitung und Flansch an der Oberseite des Auspufftopfes auflegen und mit einem kleinen Kreuzschlitzschraubendreher die Vorwärmleitung so in ihre Sollposition bringen, dass die erste 10er Schraube eingedreht werden kann.

Arbeitsgang auf der anderen Seite wiederholen. Sobald alle Vorwärmanschlüsse angeschlossen sind, können die Muttern auf dem oberen Auspufftopfflansch festgezogen werden. Schellen an den Wärmetauscherrohren aufsetzen und festziehen.

*Abb. 12.30 Rohrschellen aufsetzen und mit ihren Halteschrauben und -muttern festziehen.*

Abb. 12.31 Der Motor ist einbaufertig; der Vergaser ist hier allerdings noch nicht montiert. Es empfiehlt sich, jetzt auch die Kerzenstecker abzuziehen und die Kerzenkabel seitlich wegzubinden.

Für die Vorwärmleitungen sind Dichtungen mit zwei verschiedenen Bohrungsgrößen vorhanden. Im endgültigen Einbauzustand gehört von jeder Ausführung ein Exemplar an die Vorwärmanlage; dadurch können die heißen Abgase besser von einer Seite zur anderen durchströmen und die Vorwärmung des Saugrohrs intensivieren. Spätere Modelle besitzen spezielle Vorwärm-Doppelrohre, die eine entsprechende Dichtung mit zwei Bohrungen erhalten.

Die Warmluftführungstöpfe um die oberen Anschlussrohre am Auspufftopf stellen mit einer breiten Schelle die Verbindung zu den Wärmetauschern her. Die beiden kurzen Rohrstutzen auf der Oberseite dieser Warmluftführungstöpfe werden über Pappschläuche mit dem Gebläsegehäuse verbunden, nachdem der Motor und das hintere Motorabdeckblech eingebaut wurden. Die Passgenauigkeit der Warmluftführungstöpfe und der Metallrohre am Durchgang durch das hintere Motorabdeckblech lässt oft zu wünschen übrig.

*Abb. 12.32 Vergaser auf das Saugrohr aufsetzen und die Muttern anziehen. Die schwierig zugängliche vordere Mutter am besten mit einem Starter-Blockschlüssel anziehen.*

*Abb. 12.33 Gaszug am Gaszughalter befestigen und so einstellen, dass der Seilzug in der Vollgasstellung nicht allzu sehr gestrafft ist.*

*Abb. 12.34 Bei den 25- und 30-PS-Motoren den Starterzug anschließen.*

## MOTOR EINBAUEN (ABB. 12.32–12.34)

Grundsätzlich erfolgt der Motoreinbau genau umgekehrt wie der Ausbau. Die in Kapitel 3 beschriebenen Sicherheitshinweise sind dabei unbedingt zu beachten.

Um das Beschädigungsrisiko zu minimieren, bauen wir den Vergaser erst an, nachdem der Motor im Fahrzeug sitzt. Aus dem gleichen Grund sollte man auch die Kerzenstecker und Zündkabel abziehen und beiseitelegen.

21. Motor mit dem Rangierwagenheber anheben (Vorsicht, dass Kupplung und Getriebeeingangswelle nicht beschädigt werden!), bis die unteren Stehbolzen des Motorgehäuses auf die Bohrungen in der Getriebeglocke ausgerichtet sind. Vor den weiteren Arbeiten nun den Gaszug in sein Führungsrohr einführen. Motor anheben und nach vorne drücken, bis die Keilnutverzahnung der Kupplungsmitnehmerscheibe und der Getriebeeingangswelle miteinander in Eingriff kommen. Dann den Motor weiter in Richtung Getriebe drücken, bis Motor- und Getriebeflansch vollständig aneinander anliegen.
22. Von der Motorunterseite her die Muttern auf die unteren Stehbolzen aufdrehen und bei den späteren Motoren, die oben links am Kurbelgehäuse eine Aufnahmemutter besitzen, die Schraube von

der Fahrzeugunterseite her eindrehen. Benzinleitung, Heizungsseilzüge und die Kunststoffrohre zwischen Wärmetauschern und Heizkanälen anschließen. Kontrollieren, ob die obere rechte Befestigungsschraube ganz in den Motorraum durchgesteckt wurde.

Bei älteren Baujahren muss ein Helfer die obere Motorbefestigungsschraube mit einem Schraubenschlüssel gegenhalten, wenn die Mutter auf der Vorderseite des Gebläsegehäuses festgezogen wird. In den 1960er Jahren besaß diese Schraube einen D-förmigen Kopf, der verhindert, dass die Schraube sich mitdreht. Anzugsmoment der Motorbefestigungsschrauben: 30 Nm.

23. Vor dem Einbau des hinteren Motorabdeckblechs prüfen, ob das Gummidichtprofil noch intakt ist. Bei älteren Modellen muss die eine Lippe der Dichtung unter der seitlichen und hinteren Verblechung sitzen, die andere Lippe darüber. Spätere Modelle besitzen eine Dichtung mit J-förmigem Profil, die unter der Verblechung eingesteckt wird.
24. Neue Dichtung auf dem Saugrohr auflegen und den Vergaser aufsetzen. Zum Festziehen der gebläseseitigen Mutter am Vergaserflansch einen Starter-Blockschlüssel verwenden. Gaszug einhängen und prüfen, ob sich die Drosselklappe bis auf 1 mm vom Anschlag öffnet und vollständig schließt, wenn wir vom Gaspedal gehen. Bei älteren Baujahren umschließt die Rückholfeder den Gaszug und verläuft durch eine Hülle, die hinter dem dicken Seilzugende aufgesteckt ist. Bei späteren Modellen sitzt die Rückholfeder am Vergaser. Bei den 25- und 30-PS-Modellen muss außerdem noch der Starterzug eingehängt werden.

    Bei allen Vergaserausführungen bis zum Solex 30 PICT-2 wird die Leerlaufdrehzahl mit der Schraube am Ende des Drosselklappenhebels und die Gemischzusammensetzung mit der Einstellschraube an der linken Vergaserseite eingestellt. Beim Solex 30 PICT-3 und den Nachfolgemodellen wird die Leerlaufdrehzahl mit der größeren Schraube auf der linken Seite des Vergasergehäuses eingestellt. Die Schraube an der Drosselklappe war ab Werk fest eingestellt. Ihre Einstellung sollte nicht verändert werden, allerdings hielten sich längst nicht alle Besitzer im Laufe der Jahrzehnte an diese Vorschrift.
25. Luftfilter montieren und die Warmluftleitungen an die Stutzen am Motor anschließen. Die Warmluftleitungen (sofern vorhanden) durch die hintere Motorverblechung führen und die Verblechung im Motorraum einbauen. Alle Halteschrauben an der Motorverblechung und an der Riemenscheibenabdeckung festziehen.

KAPITEL 13

# ANBAUTEILE DER TYP-4-MOTOREN (1700, 1800 UND 2000 CCM) EINBAUEN

Der Ölkühler ist waagerecht links hinten am Kurbelgehäuse hinter Zylinder 4 angeordnet.

1. Die Dichtringe zwischen Ölkühler und Kurbelgehäuse einbauen und die drei Muttern mit nur 7 Nm anziehen. Die schwarze Einfassung an der Oberseite des Ölkühlers wird vor dem Ölkühler in ihre Einbaulage geschoben und später an der Motorverblechung befestigt.

   Die Luftregulierungsklappen sind bei kaltem Motor geschlossen. Wenn sich der waagerecht angeordnete Thermostat öffnet, kompensiert die Rückholfeder der Regulierungsklappe das Spiel im Seilzug und öffnet die Klappe, so dass die Kühlluft durch den Ölkühler strömen kann.

   Der Betätigungszug für den Thermostat wird über eine Rolle unten rechts an der Rückseite des Kurbelgehäuses geführt. Der Seilzug verläuft weiter in senkrechter Richtung zum Einsteller der Kühlluftklappe (links neben der rechten Klappe).

   Eine Luftführung zweigt rechts vorne am Motor Warmluft unter Zylinder 1 ab. Hieran schließt sich ein weiterer Luftkanal an, der durch die vorderen Motorluftleitbleche führt und mit dem Luftfilter verbunden ist, so dass Warmluft zu den Vergasern respektive zur Einspritzanlage strömen kann.

*Abb. 13.1 Der waagerecht montierte Ölkühler.*

*Abb. 13.2 Mit den Luftregulierungsklappen wird in der Warmlaufphase der Luftstrom zum Ölkühler gedrosselt.*

*UNTEN: Abb. 13.3 Wenn der Thermostat öffnet und die Regulierungsklappen verstellt, kann zusätzliche Luft über Zylinder, Zylinderköpfe und Ölkühler strömen.*

*OBEN: Abb. 13.4 Über diese Rolle läuft der Betätigungszug zwischen Thermostat und Luftregulierungsklappen.*

*RECHTS: Abb. 13.5 Über die Luftführung vor dem Motor kann in der Warmlaufphase Warmluft von der Unterseite von Zylinder 1 zum Luftfilter strömen.*

*Abb. 13.6 Dieser Kanal im Motorraum wird mit der Luftführung aus Abb. 13.5 verbunden.*

*Abb. 13.7 Neue Dichtung für die Kurbelgehäuseentlüftung auflegen. Der Entlüfter wird mit einem Federbügel fixiert.*

2. Eine neue Dichtung auflegen und die Entlüftung oben am Kurbelgehäuse montieren.
3. Halter für den Ölfilter mit neuer Dichtung einbauen. Dichtring des Ölfilters dünn mit Motoröl bestreichen und Filter von Hand festdrehen.
4. Wenn das Luftgebläsegehäuse für Motorarbeiten abgebaut worden war, braucht die Drehstromlichtmaschine nicht ausgebaut zu werden. Zum Einbau das Gebläsegehäuse an den vier Stehbolzen hinten am Kurbelgehäuse ansetzen. Distanzring und Gebläse auf den Führungsstift auf der Gebläsenabe aufsetzen und die drei Schrauben mit 20 Nm anziehen. Zum Einbau und zur Einstellung des Keilriemens zuerst den länglichen Deckel am Lichtmaschinenabdeckblech abnehmen, den Einsteller lösen und den Keilriemen um die Gebläse- und Lichtmaschinenriemenscheiben legen. Lichtmaschine um den unteren Schwenklagerbolzen verschwenken, bis der Keilriemen ausreichend gespannt wird, und dann die Schraube am Einsteller wieder festziehen.

*Abb. 13.8 Das Kühlgebläsegehäuse wird mit vier 13er Muttern auf der Motorrückseite angeschraubt.*

Abb. 13.9 Diese Distanzscheibe sitzt auf der Gebläsenabe und wird vor dem Einbau des Kühlgebläses auf dem Passstift (Bohrung siehe Pfeil) fixiert.

Abb. 13.10 Hier ist an der Unterseite des Gebläses die Führungsbohrung für den Passstift (Pfeil) zu erkennen.

Abb. 13.11 Die Gebläsenabe mit dem Passstift (Pfeil).

Abb. 13.12 Das Kühlgebläse wird auf die Gebläsenabe aufgesetzt.

Abb. 13.13 Die längliche Kunststoffabdeckung abnehmen; darunter ist der Einsteller für die Keilriemenspannung zugänglich.

Abb. 13.14 Lichtmaschine um das untere Schwenklager verschwenken, bis die richtige Keilriemenspannung erreicht ist. Dann die Einstellerschraube festziehen.

*Abb. 13.15 Öleinfüllrohr mit einer neuen Dichtung einbauen. Gummianschlussleitung mit dem Messstabrohr verbinden.*

*Abb. 13.16 Die Benzinpumpe sitzt vor Zylinder 1.*

5. Beim Einbau des Öleinfüllrohrs eine neue Dichtung auflegen. Gummianschlussleitung mit dem Messstabrohr verbinden.
6. Die Benzinpumpe sitzt in Schwungradnähe vor Zylinder 1. Beim Einbau der Pumpe den Stößel und den Pumpenhebel mit $MoS_2$-Fett bestreichen, auf beiden Seiten des Kunststoff-Isolierstücks neue Dichtungen auflegen und die Innensechskantschrauben anziehen. Zustand der Gummileitungen und Schlauchschellen überprüfen und beim leisesten Anzeichen von Alterung oder Beschädigungen erneuern.
7. Zündverteiler in die Aufnahmebohrung im Kurbelgehäuse einführen. Mitnehmer mit der Nut in der Verteilerantriebswelle in Eingriff bringen und die Klemmplatte auf dem Stehbolzen auf der Kurbelgehäuseoberseite festziehen. Vorher noch prüfen, ob die Distanzfeder richtig in ihrer Vertiefung auf dem Kopf der Verteilerantriebswelle sitzt.

*Abb. 13.17 Beim Einbau des Verteilers den Verteilerläufer drehen, bis der Mitnehmer in die Nut in der Verteilerantriebswelle eingreift.*

*Abb. 13.18 Wärmetauscher mit neuen Dichtungen am Zylinderkopf befestigen. Die Auslasskanäle liegen auf der Unterseite des Zylinderkopfes.*

*Abb. 13.19 Das Heizgebläse für die Fahrzeugheizung ist beim Typ 2 über dem Motor angeordnet.*

*Abb. 13.20 Über Schlauchstücke ist der Gebläsemotor mit den Anschlussrohren auf der Oberseite der Wärmetauscher verbunden.*

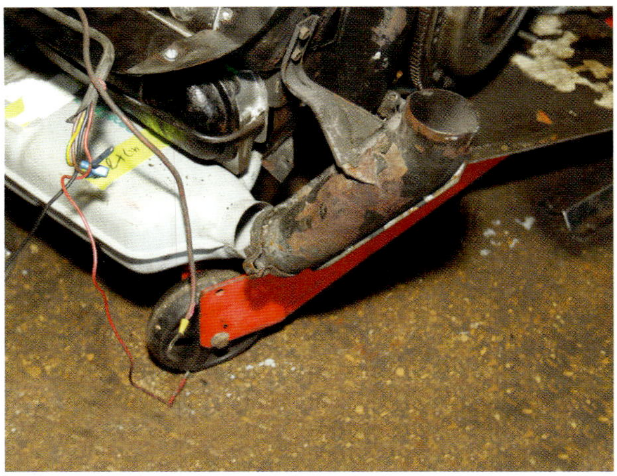

*Abb. 13.21 Metallrohre stellen auf der Vorderseite des Wärmetauschers die Verbindung zu den Rohrleitungen für die Innenraumheizung her.*

8. Die Wärmetauscher werden an Stiftschrauben an der Unterseite der Zylinderköpfe befestigt. Neue Dichtungen auflegen und die Flansche mit 22 Nm festziehen. Siehe Abb. 9.19 in Kapitel 9.

   Das Gebläse über dem Motor fördert die Luft durch die Rohre über den Wärmetauschern. Die Warmluft gelangt anschließend über Rohrleitungen an der Motorvorderseite in das Fahrzeuginnere.

*Abb. 13.22 Der Öldruckschalter ist zwischen Ölkühler und Zündverteiler untergebracht.*

Abb. 13.23 Der Auspuffschalldämpfer ist an diesen Flanschen mit den Wärmetauschern verbunden.

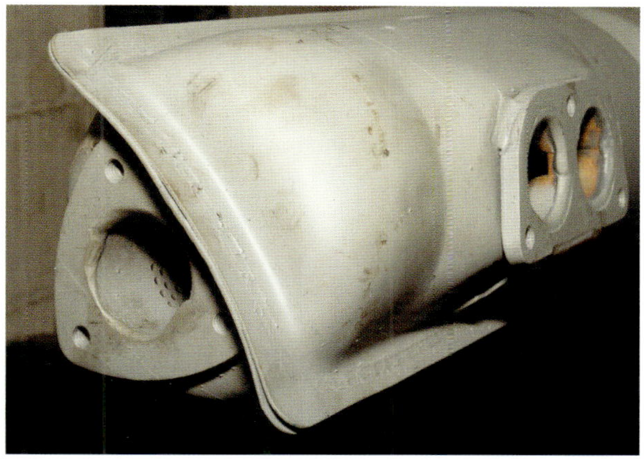

Abb. 13.24 Am Ende des Schalldämpfers wird das Endrohr angeschraubt.

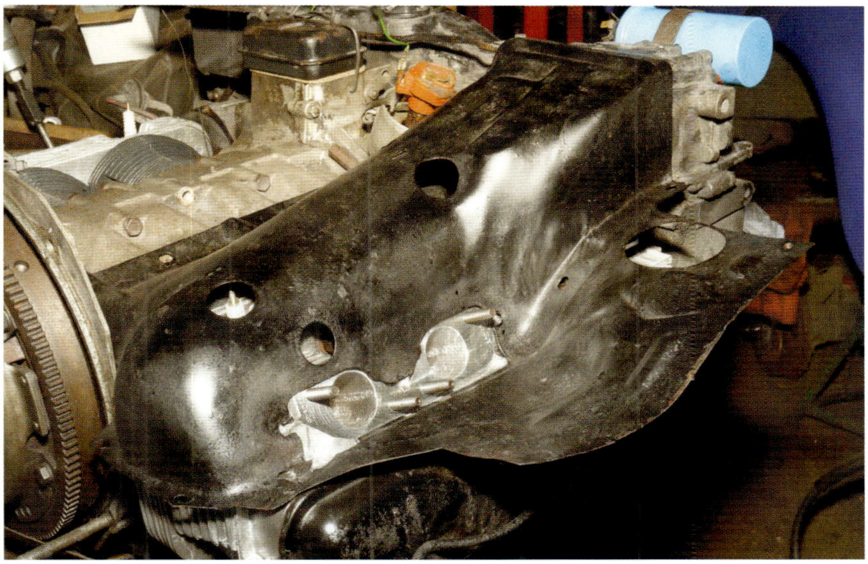

Abb. 13.25 Die linke Zylinderverkleidung deckt auch den Ölkühler ab.

Abb. 13.26 Hier sehen wir die rechte Zylinderverkleidung.

9. Öldruckschalter links vor dem Verteiler einschrauben.
10. Beim Einbau des Auspufftopfes legen wir zwei neue Dichtungen zwischen den Wärmetauscherflanschen und dem Auspuff auf und ziehen die Schrauben mit 20 Nm an. Das Endrohr ist mit drei 13er Schrauben an einem Flansch am Auspufftopf angeschraubt. Beim Zusammenbau grundsätzlich die Dichtungen erneuern.
11. Die oberen Zylinderverkleidungen und alle übrigen zu diesen Verkleidungen gehörenden Zylinderverblechungen montieren.
12. Bei allen Typ 2 ab 1968 und beim Typ 4 wird der hintere Motorträger an beiden Enden mit je drei 13er Schrauben mit dem Rahmen verschraubt. Die hinteren Motorlager sind mit zwei Aufnahmen an der Motorrückseite befestigt. An einer mit dem Gummipuffer anvulkanisierten Metallplatte sitzt eine einzelne Stiftschraube, die durch die Motoraufnahmen durchgesteckt wird. Auf der Unterseite des Motorlagers ist eine weitere Platte am Gummilager anvulkanisiert. Die Stiftschrauben an der unteren Platte sind länger und stellen die Verbindung zum Motorträger her. Alle Haltemuttern mit 120 Nm anziehen.

*Abb. 13.27 Der hintere Motorträger ist an beiden Enden mit drei Schrauben mit dem Rahmen verschraubt.*

*Abb. 13.28 Hier sind an den Aufnahmen die Reste der hinteren Motorgummis zu erkennen. Eigentlich müsste hier ein dicker Gummisilentblock mit Stiftschrauben sitzen, die nach unten zeigen und mit dem Motorträger verschraubt sind.*

ANHANG I

# TECHNISCHE DATEN / FACHBEGRIFFE

## TYP-1-MOTOR (25 PS)

| | |
|---|---|
| Bauart | 4-Takt-Boxermotor, luftgekühlt |
| Zylinder | 4 |
| Hubraum | 1131 ccm |
| Bohrung | 75 mm |
| Hub | 64 mm |
| Verdichtung | 5,8:1 |
| Zylinder | Grauguss-Einzelzylinder, verrippt |
| Zylinderkopf | Aluguss, verrippt |
| Kurbelwelle | Welle aus Schmiedestahl mit 4 Hauptlagern |
| Hauptlager 1, 3, 4 | ungeteilte Gleitlagerbuchsen |
| Hauptlager 2 | 2 Gleitlagerschalen |
| Pleuellager | Bleibronzelegierung mit Stahlstützschale |
| Kolbenbolzenbuchsen | eingepresste Bronzebuchsen |
| Kolben | Alulegierung mit Stahleinlage |
| Kolbenringe | 2 Verdichtungsringe und 1 Ölabstreifring |
| Nockenwelle | Grauguss, in 3 Lagerstellen direkt im Kurbelgehäuse gelagert |
| Nockenwellenantrieb | Stirnräder, über Kurbelwelle |
| Ventile | hängend (OHV) |
| Ventilspiel | 0,15 mm |
| Motorkühlung | Gebläse, über Keilriemen von der Kurbelwelle angetrieben |
| Ölkühlung | Ölkühler im Gebläseluftstrom |
| Zündzeitpunkt (statisch) | 5° vor OT |
| Zündfolge | 1-4-3-2 |
| Zündverstellmechanismus | Fliehkraftversteller |
| Unterbrecherkontaktabstand | 0,40 mm |
| Vergaser | Solex 26VFIS Fallstromvergaser |

# TYP-1-MOTOR (30 PS)

| | |
|---|---|
| Bauart | 4-Takt-Boxermotor, luftgekühlt |
| Zylinder | 4 |
| Hubraum | 1192 ccm |
| Bohrung | 77 mm |
| Hub | 64 mm |
| Verdichtung | 6,1:1 bis Juli 1955; 6,6:1 ab August 1955 |
| Zylinder | Grauguss-Einzelzylinder, verrippt |
| Zylinderkopf | Aluguss, verrippt |
| Kurbelwelle | Welle aus Schmiedestahl mit 4 Hauptlagern |
| Hauptlager 1, 3, 4 | ungeteilte Gleitlagerbuchsen |
| Hauptlager 2 | 2 Gleitlagerschalen |
| Pleuellager | Bleibronzelegierung mit Stahlstützschale |
| Kolbenbolzenbuchsen | eingepresste Bronzebuchsen |
| Kolben | Alulegierung mit Stahleinlage |
| Kolbenringe | 2 Verdichtungsringe und 1 Ölabstreifring |
| Nockenwelle | Grauguss, in 3 Lagerstellen direkt im Kurbelgehäuse gelagert |
| Nockenwellenantrieb | Stirnräder, über Kurbelwelle |
| Ventile | hängend (OHV) |
| Ventilspiel | 0,15 mm |
| Motorkühlung | Gebläse, über Keilriemen von der Kurbelwelle angetrieben |
| Ölkühlung | Ölkühler im Gebläseluftstrom |
| Zündzeitpunkt (statisch) | 7,5° vor OT |
| Zündfolge | 1-4-3-2 |
| Zündverstellmechanismus | Fliehkraft- und Unterdruckversteller |
| Unterbrecherkontaktabstand | 0,40 mm |
| Vergaser | Solex 28 PCI Fallstromvergaser mit Beschleunigerpumpe |

# TYP-1-MOTOR (34 PS)

| | |
|---|---|
| Bauart | 4-Takt-Boxermotor, luftgekühlt |
| Zylinder | 4 |
| Hubraum | 1192 ccm |
| Bohrung | 77 mm |
| Hub | 64 mm |
| Verdichtung | 7:1 |
| Kurbelgehäuse | Magnesiumlegierung |
| Zylinder | Grauguss-Einzelzylinder, verrippt |
| Zylinderkopf | Aluguss, verrippt |
| Kurbelwelle | Welle aus Schmiedestahl mit 4 Hauptlagern |
| Hauptlager 1, 3, 4 | ungeteilte Gleitlagerbuchsen |
| Hauptlager 2 | 2 Gleitlagerschalen |
| Pleuellager | Bleibronzelegierung mit Stahlstützschale |
| Kolbenbolzenbuchsen | eingepresste Bronzebuchsen |
| Kolben | Alulegierung mit Stahleinlage |
| Kolbenringe | 2 Verdichtungsringe und 1 Ölabstreifring |
| Nockenwelle | bis 1965: Grauguss, in 3 Lagerstellen direkt im Kurbelgehäuse gelagert, ab 1965: Grauguss mit 3 Aluminium-Gleitlagern |
| Nockenwellenantrieb | Stirnräder, über Kurbelwelle |
| Ventile | hängend (OHV) |
| Ventilspiel | Einlass 0,20 mm, Auslass 0,20 mm. Ab August 1965 oder falls auf einem Aufkleber auf dem Kühlgebläsegehäuse 0,10 mm angegeben ist: Beide Ventile auf 0,15 mm einstellen |
| Motorkühlung | Gebläse, über Keilriemen von der Kurbelwelle angetrieben |
| Ölkühlung | Ölkühler im Gebläseluftstrom |
| Zündzeitpunkt (statisch) | 10° vor OT bis Juli 1966; 7,5° ab August 1966 |
| Zündfolge | 1-4-3-2 |
| Zündverstellmechanismus | Fliehkraft- und Unterdruckversteller |
| Unterbrecherkontaktabstand | 0,40 mm |
| Vergaser | Solex 28 PICT oder 28 PICT-1 Fallstromvergaser |

# TYP-1-MOTOR (40 PS)

| | |
|---|---|
| Bauart | 4-Takt-Boxermotor, luftgekühlt |
| Zylinder | 4 |
| Hubraum | 1285 ccm |
| Bohrung | 77 mm |
| Hub | 69 mm |
| Verdichtung | 7,3:1 |
| Kurbelgehäuse | Magnesiumlegierung |
| Zylinder | Grauguss-Einzelzylinder, verrippt |
| Zylinderkopf | Aluguss, verrippt |
| Kurbelwelle | Welle aus Schmiedestahl mit 4 Hauptlagern |
| Hauptlager 1, 3, 4 | ungeteilte Gleitlagerbuchsen |
| Hauptlager 2 | 2 Gleitlagerschalen |
| Pleuellager | Bleibronzelegierung mit Stahlstützschale |
| Kolbenbolzenbuchsen | eingepresste Bronzebuchsen |
| Kolben | Alulegierung mit Stahleinlage |
| Kolbenringe | 2 Verdichtungsringe und 1 Ölabstreifring |
| Nockenwelle | Grauguss mit 3 Aluminium-Gleitlagern |
| Nockenwellenantrieb | Stirnräder, über Kurbelwelle |
| Ventile | hängend (OHV) |
| Ventilspiel | 0,15 mm |
| Motorkühlung | Gebläse, über Keilriemen von der Kurbelwelle angetrieben |
| Ölkühlung | Ölkühler im Gebläseluftstrom |
| Zündzeitpunkt (statisch) | 7,5° vor OT bis Motor-Nr. F2 140 820 |
| Zündfolge | 1-4-3-2 |
| Zündverstellmechanismus | Nur Unterdruckversteller |
| Unterbrecherkontaktabstand | 0,40 mm |
| Vergaser | Solex 30 PICT-1 oder 30 PICT-2 Fallstromvergaser |

# TYP-1-MOTOR (44 PS)

| | |
|---|---|
| Bauart | 4-Takt-Boxermotor, luftgekühlt |
| Zylinder | 4 |
| Hubraum | 1493 ccm |
| Bohrung | 83 mm |
| Hub | 69 mm |
| Verdichtung | 7,5:1 |
| Kurbelgehäuse | Magnesiumlegierung |
| Zylinder | Grauguss-Einzelzylinder, verrippt |
| Zylinderkopf | Aluguss, verrippt |
| Kurbelwelle | Welle aus Schmiedestahl mit 4 Hauptlagern |
| Hauptlager 1, 3, 4 | ungeteilte Gleitlagerbuchsen |
| Hauptlager 2 | 2 Gleitlagerschalen |
| Pleuellager | Bleibronzelegierung mit Stahlstützschale |
| Kolbenbolzenbuchsen | eingepresste Bronzebuchsen |
| Kolben | Alulegierung mit Stahleinlage |
| Kolbenringe | 2 Verdichtungsringe und 1 Ölabstreifring |
| Nockenwelle | Grauguss mit 3 Aluminium-Gleitlagern |
| Nockenwellenantrieb | Stirnräder, über Kurbelwelle |
| Ventile | hängend (OHV) |
| Ventilspiel | Einlass 0,30 mm. Ab August 1965 oder falls auf einem Aufkleber auf dem Kühlgebläsegehäuse 0,10 mm angegeben ist: Beide Ventile auf 0,15 mm einstellen |
| Motorkühlung | Gebläse, über Keilriemen von der Kurbelwelle angetrieben |
| Ölkühlung | Ölkühler im Gebläseluftstrom |
| Zündzeitpunkt (statisch) | a. 7,5° vor OT bis Motor-Nr. H0 8 79 926<br>b. 0° Motor-Nr. H0 879 927 bis H1 124 669 (Automatik)<br>c. 7,5° vor OT Motor-Nr. H1 124 670 bis H1 259 314 |
| Zündfolge | 1-4-3-2 |
| Zündverstellmechanismus | a. nur Unterdruckversteller<br>b. Fliehkraftversteller und Unterdruckfrüh- und -spätversteller<br>c. nur Unterdruckversteller |
| Unterbrecherkontaktabstand | 0,40 mm |
| Vergaser | Solex 30 PICT-1 oder 30 PICT-2 Fallstromvergaser |

# TYP-1-MOTOR (1300 CCM, 44 PS), DOPPELKANALMOTOR

| | |
|---|---|
| Bauart | 4-Takt-Boxermotor, luftgekühlt |
| Zylinder | 4 |
| Hubraum | 1285 ccm, Motorcodes AB und AR |
| Bohrung | 77 mm |
| Hub | 69 mm |
| Verdichtung | 7,5:1 |
| Kurbelgehäuse | Magnesiumlegierung |
| Zylinder | Grauguss-Einzelzylinder, verrippt |
| Zylinderkopf | Aluguss, Doppel-Einlasskanal, verrippt |
| Kurbelwelle | Welle aus Schmiedestahl mit 4 Hauptlagern |
| Axialspiel der Kurbelwelle | 0,07 bis 0,13 mm |
| Hauptlager 1, 3, 4 | ungeteilte Gleitlagerbuchsen |
| Hauptlager 2 | 2 Gleitlagerschalen |
| Pleuellager | Dreischichtgleitlager |
| Kolbenbolzenbuchsen | eingepresste Bronzebuchsen |
| Kolben | Alulegierung mit Stahleinlage |
| Kolbenringe | 2 Verdichtungsringe und 1 Ölabstreifring |
| Nockenwelle | Grauguss mit 3 Aluminium-Gleitlagern |
| Nockenwellenantrieb | Stirnräder, über Kurbelwelle |
| Ventile | hängend (OHV) |
| Ventilspiel | 0,15 mm |
| Motorkühlung | Gebläse, über Keilriemen von der Kurbelwelle angetrieben |
| Ölkühlung | Ölkühler im Gebläseluftstrom |
| Zündzeitpunkt (statisch) | a. 5° nach OT Motor-Nr. AB0 000 001 bis AB0 313 345<br>b. 7,5° vor OT ab Motor-Nr. AB0 313 346 |
| Zündfolge | 1-4-3-2 |
| Zündverstellmechanismus | a. Fliehkraftversteller und Unterdruckfrüh- und -spätversteller<br>b. nur Unterdruckverstellung |
| Unterbrecherkontaktabstand | 0,40 mm |
| Vergaser | Solex 31 PICT-4 Fallstromvergaser |

# TYP-1-MOTOR (47 UND 50 PS)

| | |
|---|---|
| Bauart | 4-Takt-Boxermotor, luftgekühlt |
| Zylinder | 4 |
| Hubraum | 1584 ccm, Motorcodes AB und AR |
| Bohrung | 85,5 mm |
| Hub | 69 mm |
| Verdichtung | 7,5:1 ab April 1968 (Typ 2), Käfer 8:1 |
| Kurbelgehäuse | Magnesiumlegierung |
| Zylinder | Grauguss-Einzelzylinder, verrippt |
| Zylinderkopf | Einzel-Einlasskanal (47 PS) Typ 2 bis Juli 1970<br>Doppel-Einlasskanal (50 PS) ab August 1970, Aluguss |
| Kurbelwelle | Welle aus Schmiedestahl mit 4 Hauptlagern |
| Axialspiel der Kurbelwelle | 0,07 bis 0,13 mm |
| Hauptlager 1, 3, 4 | ungeteilte Gleitlagerbuchsen |
| Hauptlager 2 | 2 Gleitlagerschalen |
| Pleuellager | Dreischichtgleitlager |
| Kolbenbolzenbuchsen | eingepresste Bronzebuchsen |
| Kolben | Alulegierung mit Stahleinlage |
| Kolbenringe | 2 Verdichtungsringe und 1 Ölabstreifring |
| Nockenwelle | Grauguss mit 3 Aluminium-Gleitlagern |
| Nockenwellenantrieb | Stirnräder, über Kurbelwelle |
| Ventile | hängend (OHV) |
| Ventilspiel | 0,15 mm |
| Motorkühlung | Gebläse, über Keilriemen von der Kurbelwelle angetrieben |
| Ölkühlung | Ölkühler im Gebläseluftstrom |
| Zündzeitpunkt (statisch) | a. 0° OT B-Motor<br>b. 5° nach OT AD-Motor bis 279 999, AE bis 999 999, AK bis 120 008, AH bis 090 023<br>c. 7,5° vor OT AD-Motor ab 280 000, AK ab 120 009, AH ab 090 0244 |
| Zündfolge | 1-4-3-2 |
| Zündverstellmechanismus | a. Fliehkraftversteller und Unterdruckfrüh- und -spätversteller<br>b. Fliehkraftversteller und Unterdruckfrüh- und -spätversteller<br>c. nur Unterdruckversteller |
| Unterbrecherkontaktabstand | 0,40 mm |
| Vergaser | Solex 30 PICT-3 (47 PS), 34 PICT-3 oder 34 PICT-4 (50 PS) |

# TYP-1-MOTOR (54 PS) IM TYP 3

| | |
|---|---|
| Bauart | 4-Takt-Boxermotor, luftgekühlt |
| Zylinder | 4 |
| Hubraum | 1493 ccm |
| Bohrung | 83 mm |
| Hub | 69 mm |
| Verdichtung | 7,2:1 bis Juli 1963; 7,8:1 ab August 1963 |
| Kurbelgehäuse | Magnesiumlegierung |
| Zylinder | Grauguss-Einzelzylinder, verrippt |
| Zylinderkopf | Aluguss, Einzel-Einlasskanal, verrippt |
| Kurbelwelle | Welle aus Schmiedestahl mit 4 Hauptlagern |
| Axialspiel der Kurbelwelle | 0,07 bis 0,13 mm |
| Hauptlager 1, 3, 4 | ungeteilte Gleitlagerbuchsen |
| Hauptlager 2 | 2 Gleitlagerschalen |
| Pleuellager | Dreischichtgleitlager |
| Kolbenbolzenbuchsen | eingepresste Bronzebuchsen |
| Kolben | Alulegierung mit Stahleinlage |
| Kolbenringe | 2 Verdichtungsringe und 1 Ölabstreifring |
| Nockenwelle | Grauguss mit 3 Aluminium-Gleitlagern |
| Nockenwellenantrieb | Stirnräder, über Kurbelwelle |
| Ventile | hängend (OHV) |
| Ventilspiel | 0,30 mm. Ab August 1965 oder falls auf einem Aufkleber 0,10 mm angegeben ist: Beide Ventile auf 0,15 mm einstellen |
| Motorkühlung | Gebläse, direkt von der Kurbelwelle angetrieben |
| Ölkühlung | Ölkühler, waagerecht im Kühlgebläse-Luftstrom angeordnet |
| Zündzeitpunkt (statisch) | a. 7,5° vor OT 1500N bis Juli 1963<br>b. 10° vor OT 1500N, 1500A und 1500S |
| Zündverstellmechanismus | Fliehkraft- und Unterdruckversteller 1500S August 1963 bis Juli 1964; alle anderen nur Unterdruckversteller |
| Zündfolge | 1-4-3-2 |
| Unterbrecherkontaktabstand | 0,40 mm |
| Vergaser | Solex 32 PHN-1 Flachstrom-Einzelvergaser |

# TYP-1-MOTOR (65 PS) IM TYP 3 (1500S)

| | |
|---|---|
| Bauart | 4-Takt-Boxermotor, luftgekühlt |
| Zylinder | 4 |
| Hubraum | 1493 ccm |
| Bohrung | 83 mm |
| Hub | 69 mm |
| Verdichtung | 8,5:1 |
| Kurbelgehäuse | Magnesiumlegierung |
| Zylinder | Grauguss-Einzelzylinder, verrippt |
| Zylinderkopf | Aluguss, Einzel-Einlasskanal, verrippt |
| Kurbelwelle | Welle aus Schmiedestahl mit 4 Hauptlagern |
| Axialspiel der Kurbelwelle | 0,07 bis 0,13 mm |
| Hauptlager 1, 3, 4 | ungeteilte Gleitlagerbuchsen |
| Hauptlager 2 | 2 Gleitlagerschalen |
| Pleuellager | Dreischichtgleitlager |
| Kolbenbolzenbuchsen | eingepresste Bronzebuchsen |
| Kolben | Alulegierung mit Stahleinlage |
| Kolbenringe | 2 Verdichtungsringe und 1 Ölabstreifring |
| Nockenwelle | Grauguss mit 3 Aluminium-Gleitlagern |
| Nockenwellenantrieb | Stirnräder, über Kurbelwelle |
| Ventile | hängend (OHV) |
| Ventilspiel | 0,30 mm. Ab August 1965 oder falls auf einem Aufkleber 0,10 mm angegeben ist: Beide Ventile auf 0,15 mm einstellen |
| Motorkühlung | Gebläse, direkt von der Kurbelwelle angetrieben |
| Ölkühlung | Ölkühler, waagerecht im Kühlgebläse-Luftstrom angeordnet |
| Zündzeitpunkt (statisch) | 10° vor OT |
| Zündverstellmechanismus | Fliehkraft- und Unterdruckversteller August 1963 bis Juli 1964; alle anderen nur Unterdruckversteller |
| Zündfolge | 1-4-3-2 |
| Unterbrecherkontaktabstand | 0,40 mm |
| Vergaser | Solex 32 PDSIT oder 32 PDSIT-2 und -3 Fallstrom-Doppelvergaser |

# TYP-4-MOTOR (1700 CCM) IM TYP 2

| | |
|---|---|
| Bauart | 4-Takt-Boxermotor, luftgekühlt |
| Zylinder | 4 |
| Hubraum | 1679 ccm |
| Bohrung | 90 mm |
| Hub | 66 mm |
| Verdichtung | 7,8:1 (Vergaser), 8,2:1 (Einspritzer) |
| Kurbelgehäuse | Alulegierung |
| Zylinder | Grauguss-Einzelzylinder, verrippt |
| Zylinderkopf | Aluguss, Doppel-Einlasskanal, verrippt |
| Kurbelwelle | Welle aus Schmiedestahl mit 4 Hauptlagern |
| Axialspiel der Kurbelwelle | 0,07 bis 0,13 mm |
| Hauptlager 1, 3, 4 | ungeteilte Gleitlagerbuchsen |
| Hauptlager 2 | 2 Gleitlagerschalen |
| Pleuellager | Dreischichtgleitlager |
| Kolbenbolzenbuchsen | eingepresste Bronzebuchsen |
| Kolben | Alulegierung mit Stahleinlage |
| Kolbenringe | 2 Verdichtungsringe und 1 Ölabstreifring |
| Nockenwelle | Grauguss mit 3 Aluminium-Gleitlagern |
| Nockenwellenantrieb | Stirnräder, über Kurbelwelle |
| Ventile | hängend (OHV) |
| Ventilspiel | 0,15 mm |
| Motorkühlung | Gebläse, direkt von der Kurbelwelle angetrieben |
| Ölkühlung | Ölkühler, waagerecht im Kühlgebläse-Luftstrom angeordnet |
| Zündzeitpunkt | Einzel-Unterdruckdose: meist 7,5° vor OT bei abgezogenen Schläuchen<br>Doppel-Unterdruckdose: 5° nach OT bei angeschlossenen Schläuchen<br>Im Zweifelsfall sollte die maximale Vorzündung bei 2500/min nicht mehr als 32° vor OT betragen. Je nach Quelle und je nach eingebautem Originalverteiler widersprechen sich oft die Einstellwerte. |
| Zündfolge | 1-4-3-2 |
| Unterbrecherkontaktabstand | 0,40 mm |
| Vergaser | Solex 34 PDSIT-2 oder 32 PDSIT-2 Fallstrom-Doppelvergaser |

# TYP-4-MOTOR (1800 CCM) IM TYP 2

| | |
|---|---|
| Bauart | 4-Takt-Boxermotor, luftgekühlt |
| Zylinder | 4 |
| Hubraum | 1795 ccm |
| Bohrung | 93 mm |
| Hub | 66 mm |
| Verdichtung | 7,3:1 (Vergaser), 8,2:1 (Einspritzer) |
| Kurbelgehäuse | Alulegierung |
| Zylinder | Grauguss-Einzelzylinder, verrippt |
| Zylinderkopf | Aluguss, Doppel-Einlasskanal, verrippt |
| Kurbelwelle | Welle aus Schmiedestahl mit 4 Hauptlagern |
| Axialspiel der Kurbelwelle | 0,07 bis 0,13 mm |
| Hauptlager 1, 3, 4 | ungeteilte Gleitlagerbuchsen |
| Hauptlager 2 | 2 Gleitlagerschalen |
| Pleuellager | Dreischichtgleitlager |
| Kolbenbolzenbuchsen | eingepresste Bronzebuchsen |
| Kolben | Alulegierung mit Stahleinlage |
| Kolbenringe | 2 Verdichtungsringe und 1 Ölabstreifring |
| Nockenwelle | Grauguss mit 3 Aluminium-Gleitlagern |
| Nockenwellenantrieb | Stirnräder, über Kurbelwelle |
| Ventile | hängend (OHV) |
| Ventilspiel | 0,15 mm |
| Motorkühlung | Gebläse, direkt von der Kurbelwelle angetrieben |
| Ölkühlung | Ölkühler, waagerecht im Kühlgebläse-Luftstrom angeordnet |
| Zündzeitpunkt | Einzel-Unterdruckdose: meist 7,5° vor OT bei abgezogenen Schläuchen Doppel-Unterdruckdose: 5° nach OT bei angeschlossenen Schläuchen. Je nach Quelle und je nach eingebautem Originalverteiler widersprechen sich oft die Einstellwerte, daher ist hier besondere Vorsicht erforderlich. Im Zweifelsfall sollte die maximale Vorzündung bei 2500/min nicht mehr als 32° vor OT betragen. |
| Zündfolge | 1-4-3-2 |
| Unterbrecherkontaktabstand | 0,40 mm |
| Vergaser | Solex 34 PDSIT-2 oder 32 PDSIT-2 Fallstrom-Doppelvergaser |

## TYP-4-MOTOR (2000 CCM) IM TYP 2

| | |
|---|---|
| Bauart | 4-Takt-Boxermotor, luftgekühlt |
| Zylinder | 4 |
| Hubraum | 1970 ccm |
| Bohrung | 94 mm |
| Hub | 71 mm |
| Verdichtung | 7,4:1 (Vergaser) |
| Kurbelgehäuse | Alulegierung |
| Zylinder | Grauguss-Einzelzylinder, verrippt |
| Zylinderkopf | Aluguss, Doppel-Einlasskanal, verrippt |
| Kurbelwelle | Welle aus Schmiedestahl mit 4 Hauptlagern |
| Axialspiel der Kurbelwelle | 0,07 bis 0,13 mm |
| Hauptlager 1, 3, 4 | ungeteilte Gleitlagerbuchsen |
| Hauptlager 2 | 2 Gleitlagerschalen |
| Pleuellager | Dreischichtgleitlager |
| Kolbenbolzenbuchsen | eingepresste Bronzebuchsen |
| Kolben | Alulegierung mit Stahleinlage |
| Kolbenringe | 2 Verdichtungsringe und 1 Ölabstreifring |
| Nockenwelle | Grauguss mit 3 Aluminium-Gleitlagern |
| Nockenwellenantrieb | Stirnräder, über Kurbelwelle |
| Ventile | hängend (OHV) |
| Ventilspiel | 0,15 mm |
| Motorkühlung | Gebläse, direkt von der Kurbelwelle angetrieben |
| Ölkühlung | Ölkühler, waagerecht im Kühlgebläse-Luftstrom angeordnet |
| Zündzeitpunkt | 7,5° vor OT<br>Je nach Quelle und je nach eingebautem Originalverteiler begegnen uns oft widersprüchliche Einstellwerte, daher ist hier besondere Vorsicht erforderlich. Im Zweifelsfall sollte die maximale Vorzündung bei 2500/min nicht mehr als 32° vor OT betragen. |
| Zündfolge | 1-4-3-2 |
| Unterbrecherkontaktabstand | 0,40 mm |
| Vergaser | Solex 34 PDSIT Fallstrom-Doppelvergaser |
| Benzinpumpe | Mechanisch |
| Einspritzanlage | Bosch L-Jetronic mit elektrischer Benzinpumpe |

## FACHBEGRIFFE

**Anzugsdrehmomente** Diese werden in Newtonmeter (Nm) angegeben.

**Dichtung (Flachdichtung)** Üblicherweise eine dünne Dichtung aus Papier oder einem ähnlichen Werkstoff, die zwischen den Metallpassflächen zweier Bauteile eingelegt wird, um Austritt von Öl oder anderen Betriebsflüssigkeiten zu verhindern.

**Dichtungsmasse (Dichtmittel)** Ein flüssiges oder zähflüssiges Flächendichtmittel, wie es von Elring oder Loctite lieferbar ist, wird unter anderem an den Dichtflächen des Kurbelgehäuses und des Nockenwellenverschlussdeckels aufgetragen.

**Gebläsenabe** Eine am hinteren Kurbelwellenende des Motors des Typ 4 montierte Nabe, auf der das Kühlgebläse angebaut wird.

**Hauptlager** Die Lager, in denen die Kurbelwelle im Motorgehäuse gelagert ist.

**Kipphebel** Für jedes Ventil ist ein eigener Kipphebel vorhanden. Der Kipphebel wird über Stößel und Stößelstange betätigt und drückt dabei das Ventil nach unten, so dass es öffnet.

**Kipphebelwelle** Sie ist auf der Zylinderkopfoberseite montiert und trägt die Kipphebel.

**Kolbenbolzen** Der Kolbenbolzen verbindet den Kolben mit dem Pleuel.

**Kolbenbolzensicherungsring** Diese Drahtsicherungsringe sitzen auf beiden Seiten des Kolbenbolzens in einer Nut im Kolben und verhindern, dass der Kolbenbolzen seitlich hin- und herwandern und dabei möglicherweise die Zylinderlaufbahn beschädigen kann.

**Kolbenringe** Die VW-Kolben sind mit drei Kolbenringen je Kolben bestückt: In den beiden oberen Ringnuten sitzen Verdichtungsringe, in der untersten Nut ein Ölabstreifring.

**Kupplungsausrücklager** Wird das Kupplungspedal getreten, drückt das Ausrücklager die Nabe der Kupplungsdruckplatte nach innen. Durch die dabei einsetzende Bewegung der Druckplatte wird die kraftschlüssige Verbindung in der Kupplung unterbrochen.

**Kupplungsdruckplatte** Der Teil der Kupplung, der mit dem Schwungrad verschraubt wird und beim Treten des Kupplungspedals die kraftschlüssige Verbindung in der Kupplung trennt.

**Kupplungsmitnehmerscheibe** Die Scheibe, auf der der Reibbelag aufgenietet ist und die beim Einrücken der Kupplung die kraftschlüssige Verbindung zwischen Motor und Getriebe herstellt.

**Kurbelwelle** Die Hauptkraftübertragungswelle im Motor.

**Kurbelwellenanlaufscheiben (zur Einstellung des Axialspiels)** Mit drei Einstellscheiben, die in unterschiedlichen Dicken lieferbar sind, lässt sich das Längsspiel zwischen Schwungrad und Hauptlager 1 präzise einstellen.

**Kurbelwellenriemenscheibe** Die Riemenscheibe ist (beim Typ 1) mit einer zentralen Schraube direkt am hinteren Kurbelwellenende befestigt und treibt über den Keilriemen die Lichtmaschine und das Kühlgebläse an.

**Kühlgebläse (Typ-1-Motor)** Das Gebläse ist beim Motor des Typ 1 vor der Lichtmaschine angeordnet.

**Kühlgebläse (Typ-3-Motor)** Gebläse und Lichtmaschinenriemenscheibe sind mit einer Schraube direkt mit dem hinteren Kurbelwellenende verschraubt.

**Kühlgebläse (Typ-4-Motor)** Das Gebläse ist mit der Gebläsenabe verschraubt.

**Lagerzapfen** Die Lagerflächen der Kurbelwelle und Nockenwelle.

**Motorverblechung** Oberbegriff für die Abdeck- und Luftleitbleche um den Motor. Die meisten dieser Bleche dienen zur Lenkung des Kühlluftstroms um die Zylinder. Außerdem wird damit verhindert, dass heiße Luft von der Auslassseite in den Motorraum und den Kühlgebläseansaugtrakt abstrahlen kann.

**Nockenwelle** Eine Welle mit einer Reihe in unterschiedlichen Winkeln angeordneter Nocken, auf denen die Ventile laufen und die so in einer festgelegten Abfolge aus ihrem Sitz im Brennraum angehoben und dabei geöffnet und wieder geschlossen werden.

**Nockenwellenantriebsrad** Ein Stirnrad auf der Kurbelwelle, über das die Nockenwelle angetrieben wird.

**Nockenwellenverschlussdeckel** Ein Verschlusstopfen auf der Schwungradseite des Kurbelgehäuses, der in der Nockenwellenachse angeordnet ist. Dieser Deckel wird bei der Überholung des Kurbelgehäuses an seinem Umfang mit Dichtungsmasse bestrichen, bevor er in seinen Sitz im Kurbelgehäuse eingesetzt wird.

**Ölablenkscheibe** Eine konkave Scheibe, die mit der konkaven Seite nach außen eingebaut wird und das Öl zurück in das Kurbelgehäuse leiten soll. Diese Ablenkscheibe ist auf der Riemenscheibenseite der Kurbelwelle statt eines Dichtrings zu finden. Der Typ 4 besitzt dagegen auch an dieser Stelle einen Wellendichtring.

**Ölsieb** Ein Drahtsieb, das das Ölansaugrohr im Motor umschließt. Es kann beim Ölwechsel von der Motorunterseite her gereinigt werden.

**Pleuel** Die Pleuelstange verbindet den Kolben mit der Kurbelwelle.

**Pleuelbuchse** Lagerbuchse im Pleuelauge, in der der Kolbenbolzen geführt und damit der Kolben gelagert wird.

**Pleuellager** Die Lager in der Pleuelstange, in denen die Kurbelwelle läuft.

**Scheibenfeder (Halbmondkeil)** Ein „D"-förmiger Stahlkeil, der in einer entsprechend geformten Keilnut in einer Welle sitzt und zur radialen Sicherung eines Zahnrads oder einer Riemenscheibe auf der Welle dient.

**Schwungradpassstifte** Kurze zylindrische Stifte, die spielfrei in der Kurbelwelle sitzen und in das Schwungrad eingreifen. Mit ihnen wird das Schwungrad so zur Kurbelwelle ausgerichtet, dass beim Anziehen der Schwungradschraube beide in der richtigen Stellung zusammengebaut bleiben. Bei radikal getunten Motoren werden oft acht statt der üblichen vier Passstifte verwendet.

**Stößel (Ventilstößel)** Die Stößel laufen auf den Nocken der Nockenwelle auf, bewegen sich dabei nach oben (beim Boxer waagerecht) und öffnen die Ventile.

**Stößelstangen** Teil des Ventiltriebs. Sie stellen die Verbindung zwischen Stößel und Kipphebel her.

**Unterflurmotor** Fachausdruck für die Bauweise der Motoren im Typ 3, Typ 4 und im 1600er CT-Motor in bestimmten luftgefühlten T3. Das Gebläse wird direkt von der Kurbelwelle angetrieben, so dass der Motor insgesamt wesentlich flacher baut.

**Ventil** Im Zusammenhang mit den hier beschriebenen Motoren sind damit die Motorventile im Zylinderkopf gemeint, über die das Kraftstoff-Luft-Gemisch in den Motor einströmt und die verbrannten Abgase aus dem Motor abgeführt werden.

**Ventileinstellschraube** Manchmal auch als Kipphebeleinstellschraube bezeichnet. An jedem Kipphebel sitzt eine solche Einstellschraube, die durch eine Kontermutter in ihrer Einstellposition fixiert wird. Durch Verdrehen der Einstellschraube kann das Ventilspiel zwischen der Spitze der Einstellschraube und dem Ventilschaft eingestellt werden.

**Ventilfeder** An jedem Ventil sitzt eine Ventilfeder. Das Ventil wird gegen die Spannung der Ventilfeder geöffnet und durch diese Federspannung wieder in seine geschlossene Stellung zurückgedrückt.

**Ventilkeile** In ihrem Sitz in der Keilnut im Ventilschaft bilden die beiden Ventilkeile einen konusförmigen Ring, der die Befestigungsteile des Ventils (Ventilteller, Ventilfeder) in ihrer Einbaulage am Ventil hält und so verhindert, dass das Ventil in den Zylinder fällt.

**Ventilteller** Er hält die Ventilfeder am Ventilschaft und wird durch die Ventilkeile in seiner Position am Ventilschaft gehalten.

**Verteilerantriebsrad** Ein auf der Kurbelwelle montiertes Zahnrad, über das die Verteilerantriebswelle angetrieben wird.

**Verteilerantriebswelle** Senkrechte Welle, die über ein Zahnrad auf der Kurbelwelle angetrieben wird und ihrerseits den Verteiler antreibt.

## ANHANG II

# MOTOR- UND FAHRGESTELLNUMMERN

*Abb. 1 Beim Typ 1 ist die Motornummer unter der Lichtmaschine auf dem Kurbelgehäuse eingeschlagen.*

*Abb. 2 Die Fahrgestellnummer ist beim Käfer in der Rahmenmitte unter dem Rücksitz eingeschlagen und steht außerdem auf dem Typenschild unter der Fronthaube.*

*Abb. 3 Die Fahrgestellnummer des T2 ist links im Motorraum eingeschlagen und steht außerdem auf dem Fahrzeugtypenschild.*

*Abb. 4 Die Motornummer der 1700-, 1800- und 2000-ccm-Motoren ist hinter dem Kurbelgehäuse-Entlüfterkasten am Motor eingeschlagen.*

*Abb. 5 Die Motornummer der 1700-, 1800- und 2000-ccm-Motoren findet sich außerdem auf dem Gebläsegehäuse rechts neben der Zündspule.*